蛋鸡 健康养殖技术手册

◎ 王文建 主编

中国农业科学技术出版社

图书在版编目（CIP）数据

蛋鸡健康养殖技术手册／王文建主编 . —北京：中国农业科学技术出版社，2018. 12

ISBN 978-7-5116-3983-7

Ⅰ. ①蛋… Ⅱ. ①王… Ⅲ. ①卵用鸡—饲养管理—手册 Ⅳ. ①S831.4-62

中国版本图书馆 CIP 数据核字（2018）第 279819 号

责任编辑	徐定娜
责任校对	贾海霞

出 版 者	中国农业科学技术出版社
	北京市中关村南大街12号　　邮编：100081
电　　话	（010）82109707（编辑室）　（010）82109702（发行部）
	（010）82109709（读者服务部）
传　　真	（010）82109707
网　　址	http://www.castp.cn
经 销 者	全国各地新华书店
印 刷 者	北京建宏印刷有限公司
开　　本	710mm×1 000mm　1/16
印　　张	7.5
字　　数	131千字
版　　次	2018年12月第1版　2019年12月第3次印刷
定　　价	48.00元

《蛋鸡健康养殖技术手册》

编写人员

主　　编：王文建

副 主 编：李飞翔　蒋辉胜　卞红星

编写人员：余晓强　贾　攀　陈　伟

　　　　　吴青军　支威威　杨　莉

前　言

回顾近半个世纪，随着技术的发展、管理的进步，食品工艺在人类几千年历史过程中发展最快，同时这也是人口增长速度最快的时期。从事家禽业的人应该感到骄傲和自豪，家禽业（重点是禽蛋和禽肉）发展为满足人类的基本需求做出了贡献。

我国集约化养鸡起步于20世纪70年代末，政府为了提高人民的生活水平，稳定市场供应，提出了"菜篮子工程"，主要在生猪生产、蛋鸡饲养等项目上给予政策、资金等方面的支持，并在大中城市郊区建立起了规模化的大型蛋鸡场，鸡场规模从几万只到几十万只不等。80年代后，随着农村联产承包制的实施，粮食产量大幅度提高，农村剩余劳动力不断增加。于是，在国营工厂化养鸡的示范和带动下，广大农村涌现出了大量的小规模养鸡专业户，在此基础上发展起了养鸡专业村，并形成了连片的蛋鸡生产基地，逐渐成为中国蛋鸡养殖的主力军，国营大规模蛋鸡场退出了历史舞台。

进入21世纪以来，国内蛋鸡行业在一个较高的基础上得到了快速的发展，呈现出区域化、规模化、整合趋向、技术升级等鲜明特点。自主国产蛋鸡品种份额快速上升，蛋鸡养殖由北部、中部地区发展到南部各省。

新形势下，我国家禽业正面临着一系列挑战。一方面，蛋鸡产业转型升级的步伐不断加快，蛋鸡养殖业正由规模化向大规模化方向转变，百万只以上超大规模养殖场正快速发展。另一方面，环保新形势也在呼唤养殖业的绿色发展，并对蛋鸡养殖业产生了深远影响。

养殖最终要健康。随着人们生活水平的提高，对健康、安全食品的要求越来越高，就要求广大养殖户进行健康、绿色养殖。笔者结合多年从事蛋种鸡及商品蛋鸡养殖的点滴经验和教训，在本书中从蛋鸡品种选择、鸡场选址及建设要求、饲养管理、疫病防控等方面进行了阐述，希望能为广大从事蛋鸡养殖或准备从事蛋鸡养殖的朋友们提供一些帮助。

编者

2018年11月

目　录

1

第一章
我国蛋鸡养殖概况及蛋鸡主要品种

我国集约化养鸡起步于20世纪70年代末，经历了计划经济和市场经济。蛋鸡业正在走标准化、规模化、产业化、生态化发展之路。饲养户减少但规模扩大，商品代鸡场正逐渐走向规模化，农村养殖量在1 500～5 000只的散养户在逐渐减少，5万～10万只以上的大鸡场逐渐增加。既丰富了市场供应，满足了广大城乡人民不同消费层次的需求，又为优化畜牧业产业结构、发展农村经济找到了一条行之有效的发展之路。

一、我国蛋鸡养殖概况

1. 蛋鸡产业发展迅猛

中国是蛋鸡大国。目前，我国蛋鸡养殖量居全球第一，2017年全国商品蛋鸡的饲养量达14亿多只，从事蛋鸡养殖的有10万多户，全国鸡蛋产量为2 394万吨左右，占世界总量的42.8%，连续32年世界第一，人均消费量约18千克，排名世界第三，仅次于日本和墨西哥。据统计，蛋鸡产业从业人员超过1 000万人，包括孵化、雏鸡、鸡蛋、蛋品加工、淘汰鸡在内的蛋鸡业年产值突破1 500亿元。为其服务的饲料、兽药和疫苗、设备制造业等相关产业跟进快速发展，增加了社会从业人员的就业渠道和就业机会。2017年种鸡、蛋鸡、鸡蛋零售、饲料、兽药、疫苗相关产业年产值超过了4 800亿元。

2. 我国蛋鸡产业的特点

我国蛋鸡产业的突出特点是多样性，具体体现在品种、产品和生产体系等方面。

一是品种多样性。高产品种（杂交配套系）：褐壳蛋鸡、粉壳蛋鸡、白壳蛋鸡；地方品种：粉壳蛋鸡、绿壳蛋鸡。

二是产品多样性。鸡蛋品种：褐壳蛋占比58%，粉壳蛋占比40%，白壳蛋、绿壳蛋占比仅2%。鸡蛋加工产品：从最初的不改变其形态，简单地进行清洗、分级、包装等鸡蛋初级产品，发展至如今的蛋粉、液蛋等深加工和精加工产品，鸡蛋的物理形态发生了改变。但与发达国家相比，鸡蛋的深加工程度仍有很大差距。

三是生产体系多样性。养殖户分散而小，5万只以下养殖户存栏所占的比例达到91.8%，农民是我国蛋鸡养殖的主体。有些企业的现代化鸡场在某种程度上可以与欧美发达国家相媲美，但也存在一些落后的养殖场，其饲养条件恶劣。从联合国粮农组织又对生物安全体系分级（Ⅰ、Ⅱ、Ⅲ和Ⅳ级）来看，我国既有高级别生物安全体系的养殖场，也有无基本生物安全意识的养殖场，从而导致我国蛋鸡生产环境较为复杂，疾病防控难度加大，产业发展速度受到抑制，当务之急是对我国蛋鸡产业的生产体系进行改造升级。

3. 蛋鸡产业产区南移

2005年以前，我国蛋鸡主产区在河北、山东、河南、四川以及辽宁、江苏等省份。从鸡蛋的消费特点来看，鸡蛋消费主要是以鲜蛋为主，北方的鸡蛋往南方运，由于运输时间较长，运输成本较高，产品保鲜难度加大，再加上地方政府鼓励群众脱贫致富，多选择投资小、一家一户或几家联合可进行的项目，部分地区鼓励发展蛋鸡养殖业，从近几年的的蛋鸡发展格局来看，北蛋南送正在终结，中蛋西移正在开启，南蛋北上正在孕育，蛋鸡养殖由北部、中部发展到南部各省。

4. 鸡蛋市场品牌化明显，安全监管力度不断加大

鸡蛋市场逐渐区域化和品牌化现象明显，蛋品公司的蓬勃发展，加强了地区化竞争。随着经济水平的不断提高，消费者需要新鲜、卫生、无公害的放心蛋，给品牌蛋带来了很大的发展前景。譬如圣迪乐村谷物蛋，品牌形象做得很好。德清源、正大的蛋品也做得很好。品种引进德国海兰、罗曼新型成熟品种，养殖上推行无抗养殖，饲料配方采用最合理的营养配方，养殖环境、养殖设备已经实现自动化，目前正在向智能化发展大步迈进。蛋品大量使用洗蛋机、打码器，包装机生产清洁蛋进入市场，其产品既安全又可提高附加值。

近年来，我国鸡蛋产品质量安全监管不断加强，有关法律法规、管理制度及技术标准不断完善，鸡蛋产品质量安全监控体系进一步健全。兽药和饲料添加剂管理力度进一步加大，有力地提高了我国鸡蛋产品质量的安全水平。

5. 蛋鸡产业发展趋势

中国是蛋鸡大国，但不是蛋鸡强国。未来5～10年仍然是蛋鸡产业的发展阶段。有数据预测，人口增长10%～15%，将增加鸡蛋消费量。伴随着居民收入水平提高，城镇化的发展，鸡蛋消费水平还会上升。因此，未来鸡蛋产量必然还有一定的上升空间。

提升品种质量，丰富产品种类是未来首要任务。我国已建立了商业化育种体系，蛋鸡良种国产化比例已超过50%，我国蛋鸡品种类型特点是高产、特色。引进品种对我国蛋鸡产业起到了重要作用，种鸡企业规模化、标准化程度不断提高，发挥着良种扩繁推广基地的作用。

发展生态农业，节约资源，保护生态，种养结合，势必成为农牧业发展的亮点。《畜禽规模养殖污染防治条例》自2014年1月1日起施行，实现人与自然和谐，就必须发挥政府在环境治理中的主体地位与作用，大力加强环境保护、正确处理人与资源的关系。避免环境污染和防止环境污染是每个公民的义务和责任，政府部门现在高度重视，人们的环保意识也不断增强。

以加工促进鸡蛋消费增长。目前，鸡蛋产品呈现多样化、深加工利用加速的趋势，这就需要我们进一步加强产品研发，丰富产品种类，完善鸡蛋产品的可追溯性，扩大深加工蛋制品的比率和种类。鸡蛋除了被充分利用其实用价值外，越来越多的功能也被开发利用，产品类型和功能不断丰富，如再制蛋、食品辅料、功能成分开发产品及深加工产品等。

二、我国蛋鸡主要品种

1. 海兰褐壳蛋鸡

海兰褐壳蛋鸡是由美国海兰国际公司育成的四系配套优良蛋鸡品种。我国20世纪80年代引进，具有饲料报酬高、产蛋多和成活率高的优良特点。海兰褐壳蛋鸡可在全国绝大部分地区饲养，适宜集约化养鸡场、规模鸡场、专

业户和农户。商品代1~18周龄成活率96%~98%，耗料量5.7~6.7千克／只，18周龄体重1.55千克。产蛋期（至80周）高峰产蛋率94%~96%，入舍母鸡产蛋数60周龄246枚，74周龄317枚，80周龄344枚；平均蛋重32周龄62.3克，70周龄66.9克；80周龄成活率95%，19~80周龄平均耗料114克／只；21~74周龄蛋料比2.11：1，72周龄体重2.25千克。

主要饲养范围：东北、河北、河南等北部区域。

2. 罗曼褐壳蛋鸡

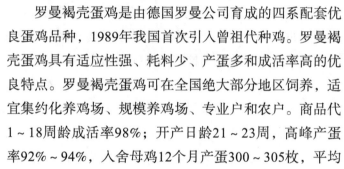

罗曼褐壳蛋鸡是由德国罗曼公司育成的四系配套优良蛋鸡品种，1989年我国首次引入曾祖代种鸡。罗曼褐壳蛋鸡具有适应性强、耗料少、产蛋多和成活率高的优良特点。罗曼褐壳蛋鸡可在全国绝大部分地区饲养，适宜集约化养鸡场、规模养鸡场、专业户和农户。商品代1~18周龄成活率98%；开产日龄21~23周，高峰产蛋率92%~94%，入舍母鸡12个月产蛋300~305枚，平均

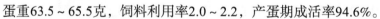

蛋重63.5~65.5克，饲料利用率2.0~2.2，产蛋期成活率94.6%。

主要饲养范围：全国北方地区。

3. 农大褐壳蛋鸡

农大褐壳蛋鸡是由北京农业大学（现中国农业大学）以引进的素材为基础，利用合成系育种法育成的四系配套杂交鸡。是"七五"国家蛋鸡育种攻关的成果。父本两系均为红褐色，母本两系均为白色。其特点是父母代和商品代

雏鸡都可用羽色自别雌雄。商品代母鸡产蛋性能高，适应性强，饲料报酬高，是目前国内选育的褐壳蛋鸡中最优秀的配套系。商品代0~20周龄育成率96.7%；20周龄鸡的体重1.53千克，163日龄达50%产蛋率，72周龄产蛋量278.2个，平均蛋重62.85克，总蛋重16.65千克，每千克蛋耗料2.31千克；产蛋期末体重2.09千克，产蛋期存活率91.3%。

主要饲养范围：北京地区。

4. 海赛克斯褐壳蛋鸡

海赛克斯褐壳蛋鸡是由荷兰尤利布里德公司育成的四系配套杂交鸡。该鸡在世界分布也较广，是目前国际上产蛋性能较好的褐壳蛋鸡。父本两系均为红褐色，母本两系均为白色，商品代雏可用羽色自别雌雄：公雏为白色，母雏为褐色，普遍反映该鸡种不仅产蛋性能好，而且适应性和抗病力强。商品代0～20周龄育成率97%；20周龄体重1.63千克，78周龄产蛋量302个，平均蛋重63.6克，总蛋重19.2千克，产蛋期存活率95%。

主要饲养范围：目前全国各地均有饲养，以东北和江苏北部饲养较多。

5. 依莎褐蛋鸡

依莎褐蛋鸡是法国依莎褐公司培育出的四系配套杂交鸡。商品代20周龄成活率为98%，21～74周龄成活率为93%，76周龄入舍母鸡产蛋数292枚，达50%产蛋率平均日龄168天，产蛋高峰周龄27周龄，高峰期产蛋率92%，74周龄产蛋率为66.5%，料蛋比2.32∶1。

6. 罗斯褐蛋鸡

罗斯褐蛋鸡是由英国罗斯公司育成的褐壳蛋鸡配套系，商品代18周龄平均体重1 380克，1～18周龄耗料7千克/只，开产日龄126～140天，25～27周龄达产蛋高峰，76周龄入舍母鸡平均产蛋292枚，平均体重2 200克，19～76周龄耗料45千克/只，日耗料113克/只，料蛋比2.43∶1。

7. 伊莎新红褐蛋鸡

伊莎新红褐蛋鸡是由法国哈伯德伊莎公司育成的褐壳蛋鸡配套系，商品代18周龄平均体重1 565克，1～18周龄耗料6.95千克/只，成活率97%～98%；平均开产日龄147天，25～27周龄达产蛋高峰，高峰产蛋率94%；76周龄入舍母鸡平均产蛋332枚，总蛋重20.8千克，平均蛋重62克，体重2 050～2 150克；19～76周龄日耗料115～125克/只，料蛋比（2.12～2.18）∶1，成

活率94%~96%。

8. 尼克红蛋鸡

尼克红蛋鸡是由德国罗曼家禽育种有限公司尼克子公司育成的棕红壳蛋鸡配套系，商品代18周龄体重1 480~1 540克，1~18周龄耗料6.1~6.4千克/只，成活率96%~98%；50%产蛋率日龄140~150天；60周龄入舍母鸡产蛋242~252枚，80周龄产蛋349~359枚；产蛋率90%以上的持续时间为16~20周，80%以上的持续时间为34~42周；蛋壳棕红色，总蛋重19.1~20.6千克，蛋重62.5~63.5克；80周龄体重1 900~2 200克；18~80周龄日耗料105~110克/只，料蛋比（2.0~2.2）：1，成活率91%~94%。

9. 雪佛褐蛋鸡

雪佛褐蛋鸡是由法国哈伯德伊莎公司育成的褐壳蛋鸡配套系，商品代18周龄体重1 550克，1~18周龄耗料6.68千克/只，成活率98%；开产日龄140~147天，25~26周龄达产蛋高峰，高峰产蛋率95%以上；76周龄入舍母鸡平均产蛋338枚，总蛋重21.08千克，平均蛋重62.3克，体重1 950~2 050克；19~76周龄日耗料110~118克/只，料蛋比（2.04~2.11）：1，成活率93%。

10. 巴布考克B-380蛋鸡

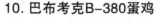

巴布考克B-380蛋鸡是由法国哈伯德伊莎公司育成的褐壳蛋鸡配套系。商品代18周龄平均体重1 600克，1~18周龄耗料6.85千克/只，成活率98%；开产日龄140~147天，25~26周龄达产蛋高峰，高峰产蛋率95%以上；76周龄入舍母鸡平均产蛋337枚，总蛋重21.16千克，平均蛋重63克，体重1 950~2 050克；19~76周龄日耗料112~118克/只，料蛋比2.05：1，成活率93%。

11. 新杨褐蛋鸡

新杨褐蛋鸡是由上海市新杨家禽育种中心育成的褐壳蛋鸡配套系。该配套系已于1999年通过国家家禽品种审定委员会审定。获2002年上海市科技进步二等奖。商品代20周龄体重1 580～1 700克，1～20周龄耗料7.8～8.0千克/只，成活率96%～98%；开产日龄145～155天，高峰产蛋率92%～94%；72周龄入舍母鸡产蛋287～296枚，总蛋重18.0～19.0千克，平均蛋重62.5克；21～72周龄日耗料115～120克/只，料蛋比（2.10～2.25）：1，成活率91%～95%。

12. 罗莎褐蛋鸡

罗莎褐蛋鸡是由西安杨凌太和家禽育种有限公司育成的褐壳蛋鸡配套系，商品代18周龄平均体重1 550克，1～18周龄成活率96%～99%；开产日龄146天，高峰产蛋率95%～98%；78周龄入舍母鸡平均产蛋332枚，平均蛋重65克，体重2 100～2 200克；19～72周龄料蛋比2.0：1，成活率95%～96%。

13. 罗曼粉壳蛋鸡

罗曼粉壳蛋鸡是由德国动物育种公司育成的杂交配套高产浅粉壳蛋鸡。商品代羽毛白色，抗病力强，产蛋率高，维持时间长，蛋色一致。商品代生产性能：0～20周龄成活率为97%～98%，20周龄体重1 400～1 500克，产蛋期体重1 800～2 000克，达50%产蛋率日龄为140～150天，产蛋高峰日产蛋率达92%～95%，入舍母鸡至72周龄产蛋295～305个，平均蛋重61～63克，0～20周龄耗料7.3～7.8千克，产蛋期日耗料110～118克，料蛋比为（2.1～2.2）：1。

主要饲养范围：以在全国长江以南地区饲养较多，以四川、湖南、湖北南部较多。

14. 海兰粉壳鸡

海兰粉壳鸡是由美国海兰公司育成出的高产粉壳鸡，我国近年才引进。商品代0~18周龄成活率为98%，达50%产蛋率平均日龄155天，高峰期产蛋率94%，20~74周龄饲养日产蛋数290枚，成活率达93%，72周龄产蛋量18.4千克，料蛋比2.3：1。

主要饲养范围：北京等地。

15. 农昌2号

农昌2号是由北京农业大学育成的两系配套杂交鸡，父系为白来航品系，母系为红褐羽的合成系。商品雏可通过羽速自别雌雄。商品代0~20周龄育成率90.2%；开产体重1.49千克；161日龄达50%产蛋率，72周龄产蛋量255.1个，平均蛋重59.8克，总蛋重15.25千克，每千克蛋耗料2.55千克；产蛋期末体重2.07千克；产蛋期存活率87.8%。

主要饲养范围：北京等地。

16. 京白939粉壳蛋鸡

京白939粉壳蛋鸡是由北京种禽公司新近育成的粉壳蛋鸡高产配套系。它具有产蛋多、耗料少、体型小、抗逆性强等特点。商品代能进行羽速鉴别雌雄。商品代0~20周龄成活率为95%~98%；20周龄体重1.45~1.46千克；达50%产蛋率平均日龄155~160天；进入产蛋高峰期24~25周；高峰期最高产蛋率96.5%；72周龄入舍鸡产蛋数270~280枚，成活率达93%；72周龄入舍鸡产蛋量16.74~17.36千克；21~72周龄成活率92%~94%；21~72周龄平均料蛋比（2.30~2.35）：1。

主要饲养范围：河南、河北、山东等区域。

17. 尼克粉蛋鸡

尼克粉蛋鸡是由德国罗曼家禽育种有限公司尼克子公司育成的粉红壳蛋鸡配套系，商品鸡18周龄体重1 460～1 500克，1～18周龄耗料5.8～6.2千克/只，成活率96%～98%；平均开产日龄154天；76周龄入舍母鸡产蛋315～326枚，总蛋重19.5～20.8千克，蛋重60～63克，平均体重1 950克；19～76周龄日耗料101～115克/只，料蛋比（2.1～2.3）∶1，成活率91%～94%。

18. 农大3号节粮小型蛋鸡

农大3号节粮小型蛋鸡是由中国农业大学育成的优良蛋鸡配套系，分农大褐和农大粉两个品系。该蛋鸡获1998年度农业部（现农业农村部，全书同）科技进步二等奖，获1999年国家科技进步二等奖。农大褐商品鸡120日龄平均体重1 250克，1～120日龄耗料5.7千克/只，成活率97%；开产日龄150～156天，高峰产蛋率93%；72周龄入舍母鸡平均产蛋275枚，总蛋重15.7～16.4千克，蛋重55～58克；产蛋期平均日耗料88克/只，料蛋比（2.0～2.1）∶1，产蛋期成活率96%。

农大粉商品鸡120日龄平均体重1 200克，1～120日龄耗料5.5千克/只，成活率96%；开产日龄148～153天，高峰产蛋率94%；72周龄入舍母鸡平均产蛋278枚，总蛋重15.6～16.7千克，蛋重55～58克；产蛋期平均日耗料87克/只，料蛋比（2.0～2.1）∶1，产蛋期成活率96%。

（褐壳）　　　　　　　　　（粉壳）

19. 亚康蛋鸡

亚康蛋鸡是由以色列PBU育种公司育成的粉壳蛋鸡配套系，父本为白来航品种，母本为白羽产褐壳蛋，含洛克鸡血统。商品代羽速自别雌雄，商品鸡20周龄平均体重1 500克，1～150日龄耗料7.7～8.0千克/只，1～20周龄成活率95%～97%；开产日龄152～161天；80周龄入舍母鸡产蛋330～337枚，平均蛋重63克；产蛋期日耗料99～105克/只，成活率94%～96%。

20. 宝万斯粉蛋鸡

宝万斯粉蛋鸡是由荷兰汉德克家禽育种有限公司育成的粉壳蛋鸡配套系，商品鸡20周龄体重1 400～1 500克，1～20周龄耗料6.8～7.5千克/只，成活率96%～98%；开产日龄140～147天，高峰产蛋率93%～96%；80周龄入舍母鸡产蛋324～336枚，平均蛋重62克，体重1 850～2 000克；21～80周龄日耗料107～113克/只，料蛋比（2.15～2.25）：1，成活率93%～95%。

21. 新杨粉蛋鸡

新杨粉蛋鸡是由上海市新杨家禽育种中心育成的粉完蛋鸡配套系，分新杨粉蛋鸡粉壳Ⅰ型和鸡粉壳Ⅱ型，新杨粉蛋鸡粉壳商品鸡20周龄平均体重1 450克，1～20周龄成活率95%～97%；开产日龄147～154天，高峰产蛋率95%；72周龄入舍母鸡平均产蛋298枚，总蛋重18.7～19.5千克，平均蛋重63克，平均体重1 850克；21～72周龄日耗料110～115克/只，料蛋比（2.1～2.2）：1。

22. 罗莎粉985蛋鸡

罗莎粉985蛋鸡是由西安杨凌太和家禽育种有限公司育成的粉壳蛋鸡配套系。商品鸡18周龄平均体重1 460克，1～18周龄成活率96%～98%；平均开产日龄143天,高峰产蛋率95%~98%;78周龄入舍母鸡平均产蛋331枚,总蛋重21.71千克,平均蛋重66克,体重1 960~2 000克;19~78周龄料蛋比(1.98~2.00):1,成活率96%~98%。

23. 海兰白壳蛋鸡

海兰白壳蛋鸡由美国海兰国际育种公司育成。据测定,1~18周龄存活率为97%,消耗饲料5.70千克,18周龄体重为1 280克;产蛋率达到50%为161日龄,32周龄平均体重56.7克,70周龄时平均蛋重为64.8克。按入舍母鸡计算的产蛋数为294~351个(从20周龄至14个月),按母鸡饲养日计算的产蛋数为305~325个,高峰产蛋率91%~94%。

24. 罗曼白蛋鸡

罗曼白蛋鸡是由德国罗曼家禽育种有限公司育成的白壳蛋鸡配套系。商品代鸡20周龄母鸡体重1 300~1 400克,1~20周龄耗料7.0~7.5千克/只,成活率97%~98%;开产日龄148~154天,高峰产蛋率92%~95%;61周龄入舍母鸡产蛋335~345枚,总蛋重21.0~22.0千克,蛋重63.0~64.0克,体重1 700~1 900克;21~61周龄日耗料110~118克/只,料蛋比(2.1~2.3):1,成活率94%~96%。

25. 海赛克斯白

海赛克斯白是由荷兰尤利布里德育成的4系配套杂交鸡。以产蛋强度高,蛋重大而著称。据奥地利、德国、英国等测定,产蛋率达到50%为157日龄,0~18周死淘率4%,1周龄体重1 160克,0~18周龄消耗饲料5.8千克,产蛋期每4周的淘汰率为0.7%。全期平均产蛋率76%,20~82周龄产蛋数为333个,按入舍母鸡计算产蛋数(20~82周龄)为314个。平均蛋重60.7克,蛋料比为1：2.34。该鸡在北京中日友好鸡场饲养，产蛋量曾创造国内最好成绩。

26. 尼克白

尼克白是由美国尼克国际（辉瑞）公司育成的配套，杂交鸡。沈阳市畜牧兽医科研所与美国尼克国际公司于1991年成立中美合作沈阳尼克种鸡有限公司。每年直接从美国引进祖代鸡向国内推广父母代与商品代雏鸡。成活率18周龄内为95%～98%，19～20周龄为88%～94%；产蛋率达50%为154～170日龄，高峰期产蛋率89%～95%；每只登笼鸡60周龄时产蛋220～235个，80周龄时产蛋315～335个；18～60周龄蛋料比为1：（2.10～2.30），18～80周龄时为1：（2.13～2.35）；18周龄标准体重为1 261～1 306克，50周龄为1 746～1 860克；8周龄为1 792～1 882克；60周龄平均蛋重64克，80周龄为65克。

27. 伊莎白

伊莎白蛋鸡是由法国哈伯德伊莎公司育成的白壳蛋鸡配套系。商品代1～18周龄成活率98%；开产日龄147～154天，29周龄达产蛋高峰，高峰产蛋率93.5%；76周龄入舍母鸡平均产蛋317枚，总蛋重19.6千克；平均蛋重62克；19～76周龄料蛋比2.06：1，成活率93%。

28. 京白938蛋鸡

京白938蛋鸡是由北京市华都种禽有限公司育成的白壳蛋鸡配套系。该配套系获2001年国家科技进步二等奖。商品鸡20周龄体重1 320～1 360克，1～20周龄成活率94%～98%；72周龄入舍母鸡产蛋290～303枚，总蛋重18千克，平均蛋重59.4克；21～72周龄料蛋比（2.23～2.31）：1，成活率90%～93%。

29. 京白988蛋鸡

京白988蛋鸡是由北京市华都种禽有限公司育成的白壳蛋鸡配套系，商品鸡18周龄体重1 190～1 240克，1～18周龄耗料5.7～6.2千克/只，成活率96%～98%；开产日龄140～144天，高峰产蛋率94%～95%；76周龄入舍母鸡产蛋308～311枚，总蛋重18.4～18.7千克，平均蛋重60克；19～76周龄日耗料104～107克/只，料蛋比（2.10～2.15）∶1，成活率94%～95%。

30. 新杨白蛋鸡

新杨白蛋鸡是由上海市新杨家禽育种中心育成的白壳蛋鸡配套系，商品鸡20周龄体重1 300～1 400克，1～18周龄耗料5.0～5.5千克/只，成活率95%～98%；开产日龄142～147天，高峰产蛋率92%～95%；72周龄入舍母鸡产蛋295～305枚，平均蛋重62克；19～72周龄日耗料105～108克/只，料蛋比（2.0～2.1）∶1。

31. 苏禽绿壳蛋鸡

苏禽绿壳蛋鸡属蛋肉兼用型品种。江苏省家禽科学研究所以国家地方禽种资源基因库保存的绿壳蛋鸡为素材，利用测交、回交等试验方法，培育了黑羽系和黄羽系2个品系。从1996年培育以来，该品种均匀度好，产绿壳蛋率达99%以上。2002年通过了江苏省畜禽品种委员会审定。现由扬州翔龙禽业发展有限公司向外提供种源。该配套系商品代鸡具有遗传性能稳定、体型较小、"三黄"、群体均匀度好、符合国内大部分地区对地方鸡型绿壳蛋鸡的需求。该配套系商品代鸡20～72周龄入舍，母鸡产蛋数221个，产蛋量达10.1千克，平均蛋重为45.7克，19～72周龄料蛋比为3.36∶1，成活率达94.9%，淘汰鸡平均体重为1 505.5克，总体生产性能达到国内地方鸡型绿壳蛋鸡的领先水平。

（草鸡型）　　　　（高产型）

32. 仙岛绿壳蛋鸡

　　仙岛蛋鸡成年体重1.25～1.5千克，毛色以麻黄为主，体型、肉质与散养土鸡相似。仙岛蛋鸡高产期平均蛋重在42～50克，蛋壳粉红色，蛋白浓稠，蛋黄大，口感好，蛋形、蛋重和土鸡蛋一样。仙岛蛋鸡23周龄产蛋率达50%，高产期产蛋率可达90%，产蛋期鸡平均日采食量只有75～85克，产蛋期料蛋比一般在2.3∶1，高峰期可以达到2∶1。仙岛蛋鸡引入地方品种鸡血缘和dw基因，性情温驯，不惊群，抗病能力强。

33. 长顺绿壳蛋鸡

　　长顺绿壳蛋鸡因产地地处贵州省长顺县而得名，引种于湖北华绿黑鸡、三峡黑鸡、是中国稀有的珍禽品种。长顺绿壳蛋鸡是在贵州特定自然生态环境下，经长期自然选择和人工选择而形成的一种鸡，具有耐粗饲，抗病力强，觅食能力强等特点，长顺绿壳蛋鸡在农户散养条件下，165～195日龄开产，年产蛋120～150个，平均蛋重51.76克。蛋呈椭圆形，蛋形指数1.37，蛋黄比率32.29%，蛋壳墨绿色，厚而致密，散养条件下野外产蛋破损极少。

34. 东乡黑羽绿壳蛋鸡

东乡黑羽绿壳蛋鸡由江西省东乡县农科所和江西省农业科学院畜牧所培育而成。体型较小，产蛋性能较高，适应性强，羽毛全黑、乌皮、乌骨、乌肉、乌内脏，喙、趾均为黑色。母鸡羽毛紧凑，单冠直立，冠齿5～6个，眼大有神，大部分耳叶呈浅绿色，肉垂深而薄，羽毛片状，胫细而短，成年体重1.1～1.4千克。公鸡雄健，鸣叫有力，单冠直立，暗紫色，冠齿7～8个，耳叶紫红色，颈羽、尾羽泛绿光且上翘，体重1.4～1.6千克，体型呈"V"形。大群饲养的商品代，绿壳蛋比率为80%左右。该品种经过5年4个世代的选育，体型外貌一致，纯度较高，其父系公鸡常用来和蛋用型母鸡杂交生产出高产的绿壳蛋鸡商品代母鸡，我国多数场家培育的绿壳蛋鸡品系中均含有该鸡的血缘。但该品种抱窝性较强（15%左右），因而产蛋率较低。

35. 三凰绿壳蛋鸡

三凰绿壳蛋鸡由江苏省家禽研究所（现中国农业科学院家禽研究所）选育而成。有黄羽、黑羽两个品系，其血缘均来自我国的地方品种，单冠、黄喙、黄腿、耳叶红色。开产日龄155～160天，开产体重母鸡1.25千克，公鸡1.5千克；300日龄平均蛋重45克，500日龄产蛋量180～185枚，父母代鸡群绿壳蛋比率97%左右；大群商品代鸡群中绿壳蛋比率93%～95%；成年公鸡体重1.85～1.9千克，母鸡1.5～1.6千克。

36. 昌系绿壳蛋鸡

昌系绿壳蛋鸡原产于江西省南昌县。该鸡种体型矮小，羽毛紧凑，未经选育的鸡群毛色杂乱，大致可分为4种类型：白羽型、黑羽型（全身羽毛除颈部有

红色羽圈外，均为黑色）、麻羽型（麻色有大麻和小麻）、黄羽型（同时具有黄肤、黄脚）。头细小，单冠红色，喙短稍弯，呈黄色。体重较小，成年公鸡体重1.30~1.45千克，成年母鸡体重1.05~1.45千克，部分鸡有胫毛。开产日龄较晚，大群饲养平均为182天，开产体重1.25千克，开产平均蛋重38.8克，500日龄产蛋量89.4枚，平均蛋重51.3克，就巢率10%左右。

37. 欣华2号蛋鸡

欣华2号蛋鸡集节粮、高产、优质、土鸡羽色肉质基因、自别雌雄技术于一身，具有耗料少、开产早、产蛋率高等特点。由湖北欣华生态畜禽开发有限公司联合华中农业大学、中国农业科学院家禽研究所、湖北省农业科学院、湖北省地方鸡技术产业体系合作培育而成。欣华2号蛋鸡配套系是利用江汉鸡、洪山鸡、巴波娜特黑康鸡、巴布考克鸡等国内外优良鸡种基因资源，运用现代数量遗传育种技术、结合分子生物学技术经过多个世代选育而成三系杂交配套系，该配套系成功将节粮基因、高产基因聚集在一起，商品代高产、节粮，利用快慢羽自别雌雄。经农业部家禽测定站测定：开产日龄151.0天，饲养日产蛋量262.9枚，产蛋总重13.28千克，平均蛋重50.4克，产蛋期饲料转化比2.50∶1。

38. 湖北红鸡

湖北红鸡是由湖北省农业科学院家禽研究开发中心以洛岛红蛋鸡为素材，1989—1997年经9年系统选育培育成的红羽褐壳蛋鸡新品种。湖北红鸡包括一个父系、一个母系。其纯系和配套商品鸡体型中等，羽毛深红色，适应性强，产褐壳蛋，产蛋性能好，遗传性能稳定，能继代繁殖。1997年通过湖北省科委鉴定，2002年7月通过湖北省畜禽品种审定委员会审定，正式命名为湖北红鸡。属蛋用型品种。主产于湖北省武汉市、江汉平原、鄂东南大别山区、鄂西北、恩施土家族苗族自治州，湖北省内70%的市、县都饲养有湖北红鸡，其中以江汉平原数量最多。另外，湖南宁湘、广西壮族自治区（以下称广西，全书同）、海南、山东兖州等地也饲养湖北红鸡，但数量相对较少。体型中等，被毛紧凑。喙黄棕色。羽毛深红色。皮肤浅黄色。单冠。胫、趾黄色。商品鸡平约年产蛋291枚，料蛋比2.55∶1。蛋壳深褐色。

39. 拉萨白鸡

拉萨白鸡是以来航鸡为父本、河谷藏鸡为母本杂交培育的良种蛋鸡，蛋用型品种。主产于西藏自治区拉萨市郊，拉萨市辖七县一区及日喀则、山南等地也有分布。体型小而紧凑，结构匀称，呈"U"形。头部清秀，全身羽毛洁白纯净，紧贴身体。公鸡单冠，直立，红色；母鸡单冠，分直立与倒冠两种。耳叶白色，喙、皮肤、胫淡黄色，母鸡平均开产日龄190天。平均年产蛋196枚，平均蛋重48克。

40. 陕北鸡

陕北鸡属中小蛋用型品种。主产于陕西省延安、榆林地区，分布在陕北和西部邻省边界沿线地区。该鸡种具有耐严寒、生活力强，体质紧凑，颈部昂扬，体躯稍长，尾羽高翘，羽毛紧贴，外貌清秀，行动灵活。头较小，呈椭

圆形。喙稍长，略弯，呈灰白色及黑褐色。冠型单冠、玫瑰冠和豆冠，以单冠居多。眼大，微凸，有神，虹彩黄褐色。公鸡肉髯大，母鸡肉髯较小。耳叶大小适中，呈红色。羽色有白色、芦花色、黄色、黑色和麻色。皮肤白色或黄色。胫较细，长短适中，呈灰色。母鸡平均开产日龄225天。300日龄平均产蛋45枚，平均蛋重50克。平均蛋壳厚度0.38毫米，平均蛋形指数1.33。蛋壳白色或浅褐色。

思考题

1. 简述蛋鸡养殖生产现状。

2. 列出3个品种蛋鸡产蛋性能。

3. 结合当地实际，综合分析本地适宜养殖的蛋鸡品种。

第二章
蛋鸡场的建设

一、场址的选择

1. 地形地势

（1）蛋鸡场应建在地势相对较高，干燥，通风良好，排水便利，隔离条件好，易于组织防疫的地方，最好场地开阔平整，有利于鸡舍的布局和整体规划。

（2）周围1 000米内无化工厂、皮革厂、采矿场、屠宰加工厂等污染源。距干线公路、居民点、公共场所及养殖场500米以上。

（3）为了不影响居民的生活环境，应当把地点选在当地居民居住地的主风向下风处，同时还要避开居民点污水排出口，防止污染水源。

（4）要了解当地易发疫病情况，防止被当地动物疫病传染，影响安全生产。

2. 三通条件

要达到通电，通水，通路三通条件。

（1）鸡场电源必须充足且极少或不出现停电现象，同时要有自备供电设施。

（2）要求水源充足但无水患，水质符合NY 5027—2001（畜禽饮用水标准）的规定。一般按每只存栏蛋鸡昼夜用水1.0～1.5千克，另加生活用水，水源的储备量和供应能力应当满足鸡场日常所需，还要取用方便、省时省力，同时还要满足消防用水和未来发展的需要。

（3）鸡场场址应该选在交通便利的地方，有利于饲料、鸡、蛋品、粪便等的运输，道路平整且能供应载重20吨以上卡车通行。鸡场电容量可按每只蛋鸡1瓦的经验值估算。

3. 消费群体（市场）

要考虑本地居民对鸡及其产品的消费习惯，消费能力及外销渠道。

4. 持续发展的可能性

要求考虑鸡场所在地有无长期存在的可能性，有无向周边地区经济渗透的可能性，有无扩大再生产所需要的土地资源和相关条件等。

5. 场地面积

建场土地面积应根据鸡场的任务，性质，规模和场地具体情况而定。蛋鸡采用笼养时，10万只商品蛋鸡场占地（开放式鸡舍）80～100亩（1亩约等于667平方米，1公顷=15亩，全书同），封闭式鸡舍20～25亩。

6. 环保要求

鸡场环境质量应达到NY/T 388—1999畜禽场环境质量标准。场区和舍内空气质量符合GB/T 18407.3—2001的规定。

二、鸡场建筑的选择

1. 鸡场建筑的要求

（1）创造适宜的养鸡环境。

（2）适合集约化生产。

（3）采用合理的各种环境控制设施，如通风、保暖、降温、出粪、清洗等。

（4）符合当前经济性，并适度向前。

2. 鸡舍的建筑类型

主要有3种：密闭式、开放式和半开放式。

（1）密闭式鸡舍：适用于大规模养殖的鸡舍，使用门、湿帘、侧窗、风机与外界相通，靠风机、湿帘、侧窗的联合使用控制鸡舍内环境（图2-1）。

优势：①便于人工控制舍内环境。②有利于鸡的生长发育和产蛋。

劣势：①一次性投资大，建筑造价高。②对电源的依赖性很强。

（2）开放式鸡舍：适合小群体小规模鸡场，白天利用自然光，早晚给予一定的补光；冬天围上薄膜保温，夏天围上遮阳网防晒，并利用喷水和排风扇降温（图2-2）。

图2-1　密闭式鸡舍

图2-2　开放式鸡舍

优势：鸡舍造价低。

劣势：光照和环境控制较难，容易受到外界环境变化的干扰，通常出现早产而影响后期生产性能的发挥。

（3）半开放式鸡舍：介于前两者之间；一端山墙安装抽风机，特别热时采用纵向通风方式，人工光照和自然光照相结合的喂养方式（图2-3）。

图2-3　半开放式鸡舍

思考题

结合当地实际，综合分析本场适宜使用的养殖模式。

第三章
鸡舍通风管理

怎么样控制舍内环境，达到最有利于家禽成长是养殖成功的关键，养殖者做到良好的通风能得到更好的喂养效果，更好的成长率，更低的死亡率，更少的低级别和更好的家禽回报。

一、鸡舍通风要求

1. 通风目的
通风的目的主要包括以下方面：

（1）保证鸡舍内充足的氧气含量。

（2）排走鸡身体周围过多的热量。

（3）使舍内温度均匀。

（4）排出湿气。

（5）减少舍内灰尘。

（6）降低氨气、一氧化碳、二氧化碳等有害气体浓度。

2. 鸡场环境管理标准
鸡场环境管理标准见表3-1。

表3-1　鸡场环境管理标准

项目	指标
氧气O_2	大于20%
二氧化碳CO_2	小于0.3%
一氧化碳CO	小于40mg/L

（续表）

项目	指标
氨气NH_3	小于20mg/L
硫化氢H_2S	小于5mg/L

二、通风分类

1.自然通风

自然通风不使用风机促进空气流动。新鲜空气通过开放的进风口进入鸡舍，如可调的进风阀门、卷帘。自然通风是简单、成本低的通风方式。

2.机械通风

即使在自然通风效果不错的地区，农场主们也越来越多地选择机械通风。虽然硬件投资和运行费用较高，但机械通风可以更好地控制鸡舍内环境。并带来更好的饲养结果。通过负压通风的方式，将空气从进风口拉入鸡舍，再强制抽出鸡舍。机械通风的效果取决于进风口的控制。如果鸡舍侧墙上有开放的漏洞，会影响整个通风系统的操作效果。

三、密闭式鸡舍通风方式（机械通风）

1.横向通风（最小通风）

风机将新鲜空气从鸡舍的一侧抽入鸡舍，横穿鸡舍后从另一端排除，通风系统可以设置最小通风量（图3-1）。

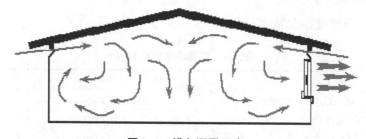

图3-1　横向通风示意

一般情况下，成鸡的最小通风量为1.0 ~ 1.5立方米/（千克体重·小时），极端寒冷季节也不得低于0.6立方米/（千克体重·小时）。

最小通风时，密封湿帘进风口，开启通风小窗，根据烟雾试验调节通风小窗，侧墙风机与风门同开同关，新鲜空气沿着导风板上升到屋顶，与屋顶的热空气混合，鸡群通过空气对流获得温度合适的新鲜空气；不同宽度鸡舍需要的进风口风速、负压见表3-2。

表3-2　进风口风速、负压

鸡舍长度（米）	侧窗风速（米/秒）	负压（帕）
12	4	10
14	5	15
18	6.3	21

如果风速不够，冷风会直接吹到靠近窗边的顶层鸡身上。

再根据最小通风量，设置风机运行时间和停止运行时间。

2. 纵向通风

风机安装在鸡舍末端，进风口设置在鸡舍前端或者前端两侧的一段侧墙上。空气被一端的风机吸入鸡舍，贯通鸡舍后从末端排出（图3-2）。纵向通风可以使空气流动速度加大，最大3 ~ 4米/秒，从而给鸡群带来风冷效应。在通风量要求很大的鸡舍，通常采用纵向通风系统。

适合于初夏或者早秋季节，鸡群的行为和移动会告诉你它是否感到舒服或太冷太热，如果它停止吃料并开始喘气，正常的红色皮肤开始变为暗黑色，肯定温度过高了；如果它们匍匐在地上或相互挤在一起，肯定是感觉温度过低了，日龄越小风冷效应越明显。

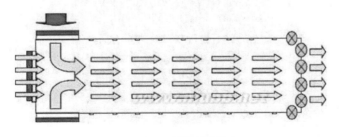

图3-2　纵向通风

3. 复合式通风（过渡通风）

纵向通风经常与屋顶通风或侧窗通风等联合使用。屋顶和侧窗通风用于少量通风，当较大通风量时需要把这些阀门关闭且进风口打开（图3-3）。

适合春秋季节，舍内设定温度与舍外温度基本一致的时候。目的在于排除舍内多余热量，改善舍内空气质量。因为没有风冷效应，属于静风，因而可以适当加通风量。

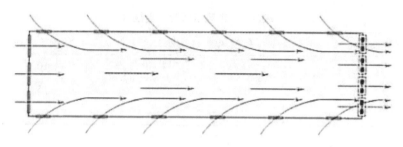

图3-3　复合式通风

4. 纵向通风+湿帘

夏季高温时候，继续保持风速和风冷效应，使用时间控制，打开湿帘水泵（图3-4），对于小鸡，应该减少打开湿帘水泵的时间，一般开1分钟关5～10分钟，温度只降1～2℃为宜。经验告诉我们，暴雨时候、上午9点以前以及天黑以后，通常需要关闭湿帘水泵、仅维持通风即可。

图3-4　纵向通风+湿帘

　　绝不可将湿帘水泵一直开着，要确保湿帘不能达到全部饱和，因为一旦达到空气的露点，不但蒸发和降温会变慢，鸡舍内的空气湿度会增加得过高。厚度为10厘米湿帘过帘风速为1～1.5米/秒，厚度为15厘米湿帘过帘风速为1.5～2米/秒为宜。

　　鸡舍内风速越高风冷效应的作用越大，为了取得最佳的风冷效应，一般成鸡舍的中间过道风速维持2.5～4米/秒最合适，鸡舍长度大于100米或者大于10万/栋，就要适当改变风机和湿帘的布局，避免风速超过4米/秒。

四、通风模式选择

1. 通风模式的细化与使用时机

通风模式的选择见表3-3。

表3-3　通风模式的使用方法及使用时机

编号	名称	使用方法			使用时机
		侧窗	帘布	上水	
1	最小通风	开启	关闭	关闭	根据鸡只数量和重量，不得以牺牲温度来保证最小换气量
2	横向通风	开启	关闭	关闭	外界温度较低，避免冷风直接吹在鸡身上
3	过渡通风	开启	开启	关闭	横向通风负压过大，开启部分或者全部帘布增加进风量
4	纵向通风	关闭	开启	关闭	过渡通风鸡群张嘴呼吸，使用纵向通风产生风冷效应
5	纵向加湿	关闭	开启	开启	单纯纵向通风不能有效降温，湿帘上水降温

2. 育雏舍1～3日龄通风模式的选择

育雏舍1～3日龄通风模式详见表3-4。

表3-4　育雏舍1~3日龄通风模式

编号	名称	说明	1~3日龄通风模式
1	热风炉加热模式1	热空气不受污染送入鸡舍	不需要通风
2	热风炉加热模式2	热空气受污染送入鸡舍	在能保证温度的情况下，以空气质量符合要求为准
3	水暖模式	内部循环	在能保证温度的情况下，按最小换气量换气

思考题

1. 一个密闭式鸡舍有10 000只鸡，均重1.5千克/只，最小通风量为每千克体重每小时0.9立方米，风机排风量为每小时32 000立方米，请设计冬季最小通风时，风机运行时间，停止时间。

2. 简述夏季降温的主要模式。

第四章
蛋鸡育雏育成期饲养管理

一、雏鸡入舍的准备工作

1.空舍和消毒

无论何种养殖，防控疫病的第一道防线永远是"隔离+卫生+消毒"。随着养殖一批次后，鸡舍中会残留粪便和鸡毛，此时的清洗显得至关重要。在清洗前可将无法使用清洗的物品移到舍外，使用消毒药水进行抹洗，无法移动且不能清洗的物品（如电机、探头等）可用消毒药抹净后使用塑料袋子包上，以防损坏。之后使用高压水枪对鸡舍进行冲洗，将鸡粪和鸡毛冲洗干净，通过自然风干后将育雏需要使用的物品全部拿到鸡舍，将鸡舍湿度提高到60%～70%，使用2～3倍量的甲醛蒸煮进行封闭消毒24小时以上。全场进行空舍21天方可进鸡，并在进鸡前7天重复熏蒸消毒一次后开启风机通风，以鸡舍内无刺鼻气味为宜。如不能做到有效清洗，会造成病原微生物在鸡场不能有效净化，疫病纠缠不断，影响鸡群的健康和养殖效益。

空舍及消毒具体程序如下。

（1）进鸡前15天需要将鸡舍所有设备检修和保养一次，特别是加热和通风设备，需要保证设备能正常运行。

（2）根据入雏的数量，计算出所需的器具及设备等，必须保证器具的充足性，并进行合理分布，器具安排不足或不合理时导致前期均匀度差，更不利于弱雏的恢复，而且会导致弱雏增加，尤其会造成第4天以后的死淘延续。在操作中改变观念，许多人员比较轻视此问题。

（3）所需用的保温及饲养器具设备等必须确定其功能正常，并在育雏舍内就位定位。

（4）将装满饮水的小水壶提前1～2小时置入育雏笼内或平养的保温围篱内，保持雏鸡饮水温度在20～25℃，首次饮水的添加量不得少于20毫升/只。

（5）小鸡到达前24小时（夏天）或48小时（冬天），先开启保温系统，使育雏舍温度能达到摄氏35～36℃（在雏鸡所处的高度测定空气温度），同时开启舍内的通风设备在最低挡，此可使育雏舍内的温度均匀。

（6）在鸡舍中各区域悬挂上温度计和湿度计，并对每个温度计进行校准，确保鸡舍的温度达到要求。

（7）育雏舍内的相对湿度，在育雏前期鸡舍湿度至少有60%，在10天之后可维持在50%～55%。

2. 雏鸡抵达

快速卸下雏鸡包装盒，并且轻轻的将雏鸡放在育雏区域，从距舍门最远的育雏笼起，迅速将雏鸡放入育雏笼内。

同一批雏鸡应该来自于相似日龄的种鸡群体。

二、育雏期饲养管理

1. 育雏准备及开食

雏鸡到达前，可在笼底铺上厚牛皮纸（牛皮纸到第7天须移除，以避免球虫病的发生），将小水壶置于纸上，雏鸡抵达时的饮水温度保持在20～25℃，在饮水中添加5%葡萄糖和抗应激的维生素，雏鸡入舍4小时内，一定要每笼（水盘周围）抓5只左右人工诱导饮水4次，以刺激鸡只饮水。雏鸡喝水2～3小时后，观察雏鸡情况，同时再次检查各项设备及育雏温度是否正常运作。雏鸡的行为是育雏正确与否的最好指标。幼雏若有倦怠，喘息乃至虚脱的情形，此表示育雏温度过高；幼雏若挤成一团并吱吱鸣叫，此表示温度太低或有贼风侵入。

喂食：充分饮水2小时开始喂料，可拌部分湿料，以手攥住能散开为宜，撒在牛皮纸或开食盘上，刺激鸡群采食，在采食2～3小时后开始检查鸡只嗉囊中是否有饲料，雏鸡到达12小时后，85%的雏鸡嗉囊中应能触摸到饲料。

不要在不通风的环境中育雏，从第一天开始，就需要打开排风扇进行通风，育雏期在温度许可的情况下，一定要有适量的通风.可以改善马立克疫苗的整体抗体水平，使马立克散发的可能性降低，如果温度不允许，那就需要加大供热来保证一定的通风，需要根据鸡只品种的不同，根据合理的通风系数来制定鸡舍的最小通风量。经常巡视幼雏，夜间也须如此，以便能随时发现问题。

2. 光照

育雏的前2～3天需要24小时照明，灯光愈亮愈好，以便能将饮水器的水面反射出来，如此才能吸引幼雏前来饮水。第4天起，将光照的时数降低为22小时，并将灯光强度降低到20～301x（每平米2～3W）。第8天起，依鸡只品种的不同，进行光照递减，同时也要调整光照强度，从20天将光照强度缓慢降低到5～101x，可以有效地防止啄羽的发生。

间歇式光照：第4天起，可开始实施间歇性的光照程序，轮流给予4小时的光照与2小时的关灯时间。育雏时实施这种递减式的光照程序，目的是使雏鸡有更多的时间吃料及饮水，实施间歇性的光照程序的优点为：

（1）所有小鸡都能在相同的时间内休息或睡觉，也就是说小鸡的行动可以同步化。

（2）较弱的雏鸡因较强的小鸡的刺激而被迫走动去饮水或吃料。

（3）鸡群的行动一致，较容易判断鸡群的状况。

（4）可以减少小鸡的死淘率。

间歇性的光照程序可以实施到第7～10天，然后才实施正常的光照递减程序。光照程序建议如表4-1所示。

表4-1　育雏光照建议程序

周龄	日龄	光照时间（小时）	光照强度（勒克斯）
1	1～3	24小时	越亮越好
1	4～7	22小时/间隔性光照	20～30
2	8～14	20小时	10～20
3	15～21	18小时	10～20

（续表）

周龄	日龄	光照时间（小时）	光照强度（勒克斯）
4	22 ~ 28	16小时	5 ~ 10
5	29 ~ 35	14小时	5 ~ 10
6	36 ~ 42	12小时	5 ~ 10
7	43 ~ 49	10小时	5 ~ 10
8	50 ~ 56	8/10小时	5 ~ 10

到开产前维持此光照，不得增加光照

3. 温度

雏鸡的体温是检验舍内育雏温度是否适当的最好指标。可以使用我们日常用的耳温器来量取雏鸡的体温，将耳温器的感应端轻触雏鸡的肛门，即可测得体温。如此在育雏舍随机取样测取得几十只小鸡的体温，再求得其平均体温。雏鸡的最佳体温是40 ~ 40.6℃，如果测的的平均体温是39.5℃，那就要再提高育雏温度0.5℃。雏鸡在14天前，因羽毛发育，不具备体温调节功能，所以在育雏期的温度控制起到关键的作用，温度计的悬挂以雏鸡背部上方2 ~ 5cm为宜，同时注意鸡舍24小时内温差范围在±2℃，以免因温度波动大，而造成鸡只抵抗力降低。

育雏期温度建议如表4-2所示。不同的环境温度雏鸡表现见图4-1。

表4-2　育雏期温度

日龄	鸡背温度（℃）
1 ~ 3日龄	34 ~ 36
4 ~ 7日龄	30 ~ 32
8 ~ 14日龄	28 ~ 30
15 ~ 21日龄	26 ~ 28
22 ~ 28日龄	23 ~ 26
29 ~ 35日龄	21 ~ 23
36 ~ 42日龄以后	20 ~ 21

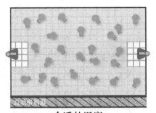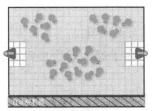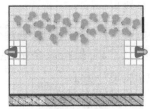

合适的温度	过冷温度	通风不均匀温度
雏鸡均匀分布在鸡笼内，活泼好动并且叫声听起来满足	雏鸡扎堆并且叫声听起来痛苦	雏鸡躲避贼风，叫声杂乱，分布不均匀，聚集在笼子的一处

图4-1　不同环境温度雏鸡表现

温度不适产生的问题：

（1）温度过底或不达标时造成的问题：聚集到热源周围，不吃不喝。影响育雏成活率达5%～8%、生长速度缓慢、整齐度差。

（2）温度过高时会导致的结果是：鸡群远离热源，严重的出现持续张嘴呼吸、死淘增加、羽毛发育缓慢、生长缓慢、易感染马立克。

（3）适宜的温度对育雏成绩至关重要，需要经常到鸡舍进行巡视，并对鸡舍温度计进行校准，根据温度计数值和鸡群分布、精神状况来调控温度，为鸡群创造合适的环境。

4. 湿度

育雏期要保证鸡舍的湿度，在0～8天要保证鸡舍湿度在60%～65%，在此期间保持湿度可以减缓鸡只脱水和促进卵黄的吸收，同时也可减少鸡只绒毛造成鸡只出现呼吸道疫病，在8天之后湿度需要维持在50%～60%，特别在换羽期，湿度的保持更至关重要。在湿度维持较好的鸡舍呼吸道发生的概率远远低于湿度低的鸡舍。

在没有加湿喷雾设备的鸡舍可以采取在地面洒水和墙面洒水来提高鸡舍湿度，使鸡舍湿度保持在合理的范围内。

5. 消毒

消毒可以有效地减少空气中病原菌的含量，在鸡只饲养过程中起到很重要的作用，在鸡只8日龄后可以每天进行消毒，在消毒时需要注意以下方面。

（1）更换消毒药的品种，可选用两种或两种以上的消毒药进行每周或两周轮换一次。

（2）消毒时要保证鸡舍的卫生干净，如鸡舍中存在灰尘，会大大降低消毒效果。

（3）在免疫的前后2～3天不消毒。

（4）保持鸡舍的湿度，在干燥的鸡舍中消毒效果比在50%湿度的鸡舍消毒效果要差。

6. 断喙

最新的断喙方式是在雏鸡孵化后，在孵化场由受过训练的工作人员，使用红外线断喙器将雏鸡的上下喙部分切除，但是要注意卫生以避免感染。此种断喙方式需要注意育雏前6～7天使用水壶和料筒，因为断喙后鸡只会有疼痛的感觉，使其不去啄乳头。传统的断喙方式是在7～10日龄使用断喙器进行精确断喙，使断喙器刀片加热到650～700℃呈暗红色，切断处应距鼻孔2毫米处，烧灼时间控制在2秒钟内，轻按住雏鸡的咽喉以避免烧伤舌头。

断喙注意事项如下。

（1）弱鸡不进行断喙，不要造成损伤。

（2）断喙前后2天，在饮水中加入维生素和含维生素K的电解质。

（3）断喙后的几天填满料槽到最高高度。

（4）使用经过良好训练的工人。

（5）使用360°乳头饮水器。

（6）断喙后3～5天内，也要适当地提高育雏的温度，以使烧灼处能迅速愈合。

7. 饮水

育雏前7天雏鸡肠道处于调节时期，可使用温开水或者桶装纯净水供雏鸡饮用，以后饮用水需要保证水质干净。如果使用地下水源，经常因大肠杆菌的污染，导致鸡的下痢。因此，建议水中添加氯（漂白粉），可有效地抑制大肠杆菌的污染而改善水质。开放式饮水系统中添加3毫克/升的氯，密闭式饮水系统（如乳头式）应含有1毫克/升的氯。

水壶的高度要放到鸡只毫无困难的能喝到水的位置，饮水温度保持在18～25℃。喂料前，应让雏鸡先喝水2～3小时。若使用1升的小水壶，每1个供应50只小鸡，7～10天后才过渡到水槽或自动饮水器，须确定雏鸡已学会使用新的饮水设备后，才可将小水壶移走。更换新的饮水设备后，要每天检查乳头或者水杯的出水量情况，要保证每个饮水设备能正常使用。

在鸡群前期如乳头配合水壶一起使用，雏鸡喝水比较少，加上育雏期鸡舍温度高，水在水线中存留时间过长易产生异味，需要每天2次将水线中的水进行更换一次，保证鸡只饮用水的清洁。

雏鸡抵达时，如因长途运输引起应激，饮水内可加入5%葡萄糖，供雏鸡饮用24小时即可，若饮用时间太长，有时会造成糊肛现象。

从雏鸡到达前一天开始，育雏期每天冲刷一次水线。育成期和产蛋期每周冲刷一次水线，冲刷后的水温应该在10～20℃。

乳头饮水器的水流速度应该至少每个乳头每分钟70毫升（图4-2）。

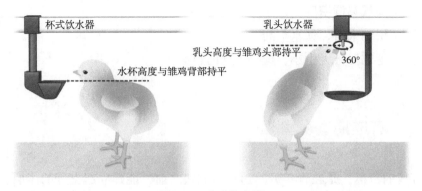

图4-2　乳头饮水器

8. 饲料

在育雏期饲喂小鸡料，小鸡料是含有高浓度营养的饲料，其配方所配制的均为最佳品质及消化率最好的原料。小鸡料的供应是从1日龄起，可让小鸡的体重达到指标，同时也有利于小鸡有良好的骨架发育。从育雏开始，就用粗蛋白21%的高质量，营养平衡的小鸡料，直到满3～4周，目的是建立合格的骨架发育。从第5周开始改喂18.5%粗蛋白的饲料，一直到第8周。

在育雏的第5周，是属于一个关键时候，在此时间之前必须要使鸡群体重达标，因为此期的体重是否达标，标志着本批次鸡群以后的生产性能是否优秀，所以需要更关注于饲料和体重的监测。

每周进行鸡群称重，只有体重达标后才能更换饲料，建议的换料日龄是以体重达标为前提的。

体重的测定：平养或笼养（在固定的鸡笼取样称重），每次取样以不少于100只为宜。从第1周龄起，每周应持续的测定体重直到产蛋高峰，每周同一时间段称重，做好记录，分析。均匀度，一般都要求均匀度在80%以上，加光刺激前，尽量在85%以上。

体重不达标可能原因有：饲料热能低或摄取量不足、可以改善营养浓度、增加采料空间减少密度、调节采食时间（如夜饲）、增加喂料次数和匀料次数。

体重超重时可采取：降低饲料营养浓度（注意热能一次不能降得超过50千卡，否则采料量有较多变化），适当调节减少采料时间。

当鸡只均匀度差时，应采取以下措施。

（1）降低鸡群密度。

（2）增加采料，饮水空间。

（3）把鸡群分大中小，饲喂不同的料量。

三、育成期饲养管理

育成的目标，是在青年母鸡达到性成熟之前，能建立起良好的体型。体型是指正常的体重建立在良好的骨架上面，所以体型即是骨架与体重的综合表现。良好的骨架发育是维持产蛋期间高产能力及优良蛋型的必要条件。若骨架小而相对体重大者，此表示鸡只肥胖，这种体型的鸡其产蛋表现不会理想，如早产、脱肛多，且产蛋初期母鸡的死淘率高等缺点。

1. 饲料与饮水

小鸡料及中鸡料的蛋白含量决定骨架的发育，我们以8周龄为界，分为前后两段；前段（56日龄以前）着重于骨架的发育，后段（57日龄以后）着重于体重的增长。

育成前期需要的体重和均匀度至关重要，鸡只体重越早达标，均匀度越高，表示鸡群整体情况好也是未来鸡群高产的基石。在育成育雏期需要进行每周称重，并对结果进行统计，如鸡群体重不达标，可增加午夜餐时间，午夜亮灯时间不得超过2小时，并需要在已关灯3小时以上的情况下实施。

在鸡群9～17周龄时要主要培养鸡群的采食能力（嗉囊容积），此过程是为了培养产蛋期的采食习惯。在此时期需要在中午实行空槽，大致可将上午鸡群采食1/3，下午采食2/3，以此来建立鸡群的良好的胃口，使鸡群养成在下午大量采食的习惯。

如更换为中鸡料后，育成期体重未达到标准，应当注意不可转换为小鸡料，不可使用肉鸡料来充实青年期母鸡，使青年母鸡在维持采食量和开产后发生问题，可采用额外增加饲料中赖氨酸来增加体重，每吨中鸡料中添加1～1.5千克赖氨酸进行空槽，确保鸡只能吃完料槽中所有的饲料同时可增加饲料的适口性来提高鸡群的采食量。

在育成期体重可以超过标准5%～10%，这样才能更好地发挥鸡群的生产性能。

在育成期如水质不好，易发生肠道性疾病，在育成期需要养成每4～5天冲洗一次水线的习惯，并使用水线清理类的药物对水线进行清理，保证鸡群饮水的卫生。

2. 光照

育成期的光照原则是：光线时间不可越来越长，尽量保持恒定。

如在专用育雏鸡舍时，在育成期减少光照时应充分考虑到转群后的鸡舍是封闭式鸡舍还是开放式鸡舍，要根据鸡舍的不同，来制定合理的育成期光照程序。

如转群是封闭式鸡舍，育成期的光照根据鸡只品种不同应恒定在8～10小时，如转群鸡舍为开放式鸡舍，应根据当地的光照时间来制定不同的光照程序，这样才能使鸡只在转群后更快地适应，减少鸡只应激反应。

在育成期也要注意鸡舍的光照强度，后期光照强度在5～10lx，在开放式鸡舍育成时可采用遮阳网来减少鸡舍的光照强度，以防止鸡只啄羽和啄肛的发生，封闭式鸡舍育成时，鸡舍光照强度可以采取调压器将电压降低或者使用报纸将灯泡进行包裹来降低光照强度，同时也要监测光照的闪频，可以使用手机自带的录像功能，对准光源进行录像后观察灯泡的闪频，不要出现灯泡闪得太快，这样会增加鸡只的应激反应。

3. 通风

育成期中鸡只处于换羽的关键时候，在鸡只绒毛脱落时会造成鸡只呼吸道的发生，并且在加料时也会产生粉尘，在育成期通风量的不足，会造成鸡舍内部灰尘量增多，增加鸡只呼吸道感染的概率，所以在育成期必须保证鸡只的最小通风量，可按照鸡只数×体重×1.1（通风系数）=最小通风量，根据鸡舍风机的风速来计算鸡舍的最小通风时间，如温度允许，可以加大通风，以保证鸡舍的空气质量。在未使用湿帘的季节加大通风会造成鸡舍湿度过低，此时应保证鸡舍湿度在45%~50%以上，这样才不会造成绒毛和灰尘乱飞的现象，更好地防止鸡群呼吸道应激。

4. 转群

在目前养殖的趋势下，为更好地将育成鸡培育好，专用的育雏舍得配备越来越完善，从育雏舍转到产蛋舍的转群工作也要引起大家的重视，转群时一个巨大的应激，应该尽早完成，提供母鸡更多的时间来适应新环境和生长，并且避免连续的应激，转群后鸡群应该得到充分的休息和恢复，确保体重的持续发育。

转群应在16周龄前完成，转群前尽量完成免疫计划，特别是灭活苗的肌肉注射，在转群时需要避免热应激，运输车辆要求通风设备良好，不可拥挤，转群后应提供一周的时间让鸡群适应新鸡舍，需要避免此时进行点灯刺激和免疫

转群时应注意以下事项。

（1）转群前要同产蛋舍协调好光照时间和饮水、采食设备，如使用设备不同，可在育成期使用类似的设备在鸡舍进行一次过渡，使鸡只转群到产蛋舍后能尽快适应。

（2）与产蛋舍沟通好鸡群平均体重、均匀度、采食量、饲料配方，减少适应期的应激。

（3）尽可能在15周龄前转群，让鸡群更长的适应期。

（4）提前找好运输车辆和转鸡筐，确保车辆和转鸡筐充足，并制定紧急处理措施，防止意外发生。

（5）转运前24小时停止给料，消化道中无食物，避免食余热增加热应激。

（6）维持充足的饮水，可在因水中添加多维减少应激。

（7）装笼鸡数不可太多，避免鸡只拥挤造成热应激，最多15~20只（12~16周龄），要对抓鸡人员进行培训，抓鸡时要温柔，小心防止鸡只因外伤而造成的死亡。

（8）在等待上车时，要保持通风良好，温度舒适（22~26℃），尽量保

持尽快上车，避免部分鸡只在车上等待过久。

（9）选择凉爽、夜间时候进行转群，同时同司机协商好路线，避免堵车，运输速度快。

（10）在运输过程时鸡只每小时可以损失0.3%～0.5%水分（体重）/小时，所以到达产蛋舍后应快速补充水分，避免严重脱水，适量的电解质有助于缓解运输的应激，必要时教导母鸡饮水，先给水3～4小时，再给料有助于母鸡找到乳头。

产蛋舍与育雏舍若设备差异过大，可连续2天24小时光照，让母鸡快速适应环境，而后立刻恢复育成期相同的光照程序（相同开关灯时间），鸡群未稳定前，不可增加光照时间，刺激开产。午夜光照计划有助于采食量与适应设备，产蛋舍的亮度（光源）高过（差异）育成舍太多，有可能导致啄羽。

思考题

1. 蛋鸡育雏时需要主要关注哪几个方面？
2. 蛋鸡在育雏育成期关注体重变化趋势的重要性。

第五章
产蛋鸡的饲养管理

产蛋鸡饲养管理的主要任务是排除各种对蛋鸡的不良影响，为它们提供一个有利于健康的产蛋环境，使其遗传潜力充分发挥出来，以生产出更多的优质商品蛋，其中包括降低饲料消耗比和破蛋率，提高蛋鸡存活率等。

一、饲养方式

蛋鸡的饲养方式有平养和笼养两大类。平养分垫料地面、网上和地网混合3种。笼养方式指蛋鸡养在产蛋笼中，产蛋鸡笼养主要有阶梯式与重叠式之分，前者多为三层，后者多为四层，现代规模化养鸡企业多采用重叠式四层的来饲养。

二、饲养密度

饲养密度与饲养方式有密切关系（表5-1）。

表5-1　不同饲养方式的饲养密度（轻型与中型蛋鸡）（m²/只）

蛋鸡类型	全垫料地面		网平混合		网（板条）平养		笼养	
轻型蛋鸡	0.16	6.20	0.14	7.20	0.09	11.00	0.038	26.3
中型蛋鸡	0.19	5.30	0.16	6.20	0.12	8.30	0.048	20.8

三、环境控制

为了给产蛋鸡提供最适宜的产蛋环境，首先要有一个良好的鸡舍，鸡舍必须使产蛋鸡受日常气温变化的影响，产蛋鸡最适宜的温度范围21～26℃，如果低于或高于这个温度范围，都将会对鸡产蛋有影响，在炎热的夏季就要采取防暑降温的措施，在寒冷的冬天要采取保暖措施。

为了创造产蛋鸡的良好环境（表5-2），还要注意通风换气，排出氨气和二氧化碳等有害气体，供给新鲜空气。

表5-2　产蛋鸡舍环境要求

温度 （℃）		相对湿度 （％）		氨气 （mg/L）		二氧化碳 （％）		硫化氢 （mg/L）	光照强度 （lx）
范围	最适宜	较适宜	最适宜	允许 浓度	适宜	允许 浓度	适宜	允许浓度	范围
8～27	13～24	50～70	60～65	20	<10	0.5	0.25	10～20	10～30

四、光照管理

光照是影响鸡的重要环境因素之一，其光照管理方案在育雏期已经介绍，产蛋鸡光照时间如表5-3所示。

表5-3　密闭式鸡舍管理方案

周龄	光照时间（小时/天）	周龄	光照时间（小时/天）
18	10.5	24	13.5
19	11	25	14
20	11.5	26	14.5
21	12	27	15
22	12.5	28	15.5
23	13	29	16
		29周龄后保持	16

注：开放式鸡舍的光照时间，根据自然光（季节而定），与密闭式光照时间统一起来，即：开放式光照时间＝自然光＋补加光照＝密闭式光照时间。

五、产蛋期注意事项

1. 减少应激

蛋鸡在产蛋高峰期，生产强度大，生理负担重，抵抗力较差，对应激十分敏感。如有应激，鸡的产蛋量会急剧下降，死亡率上升，并且产蛋量下降后，很难恢复到原有水平。因此，此阶段要注意以下几方面的应激。

（1）要保持鸡舍及周围环境的安静，饲养人员应穿固定工作服，闲杂人员不得进入鸡舍。

（2）堵塞鸡舍的鼠洞，定期在舍外投药饵以消灭老鼠。

（3）把门窗、通气孔用铁丝网封住，防止猫、犬、鸟、鼠等进入鸡舍；

（4）严禁在鸡舍周围燃放烟花爆竹。

（5）饲料加工、装卸应远离鸡舍，这不仅可以防止噪声应激，而且还可以防止鸡群疾病的交叉感染。

2. 季节不同管理要点不同

春季：温度上升、光照加长利于产蛋，但疾病较多，注意防疫。

夏季：注意防暑降温、减少热应激、增加采食量。

秋季：保证光照时间稳定。

冬季：防寒保温，增加舍内温度和注意通风换气。

思考题

列出蛋鸡产蛋期的注意事项。

第六章
清粪管理

鸡粪及时处理对鸡群健康尤为重要，不及时处理，鸡舍内的氨气味尤其重，这不仅影响鸡的正常生长，还会使鸡容易诱发呼吸道疾病，比较难以控制。夏季高温鸡粪发酵快，只要暴露在空气中，蚊蝇滋生，对鸡场内外的生产生活带来很大麻烦。鸡粪不仅是很好的肥料，还因为它含有较高的营养价值，可以作饲料。一年每只蛋鸡大约能排粪36.4千克，综合利用鸡粪，可以大大改善鸡场的卫生环境，消除蚊、蝇、臭气，减少疾病的传播，并能充分利用这个资源作饲料、肥料等，使鸡粪变废为宝，产生较好的社会效益、生态效益和经济效益。凡是养鸡地区都可以因地制宜。

一、鸡粪清理方式

1. 地面平养、网上平养

鸡粪和鸡分离，鸡舍保持干燥（全年平均60%湿度）、水线严格控制不能在鸡舍漏水，鸡舍建在地势较平坦和较高地段，排水系统良好，这样保证鸡粪干燥，在鸡舍内最大限度控制鸡粪发酵，一批鸡清理一次鸡粪。目前散养鸡以这种清粪方式为主。

2. 阶梯笼养和层叠式笼养

鸡粪多以刮粪板和鸡粪清粪带清理（图6-1），鸡粪清理及时，舍内通风容易控制，特别是春冬季节，清粪带明显优于刮粪板清理鸡粪，清粪带是刮粪板的升级，目前笼养养鸡企业大多采用清粪带清理鸡粪，方便快捷，污染最小。

（a）

（b）

图6-1　鸡粪清理

二、鸡粪处理方式

夏天天气比较热，养鸡场鸡舍内的氨气味尤其重，这不仅影响了鸡的正常生长，还会使鸡容易诱发呼吸道疾病，比较难以控制，因此，鸡粪的处理不仅关系着鸡场环境更是关乎着鸡的健康问题。选择以下方式处理。

1. 堆肥发酵法

通过堆肥发酵后的鸡粪，是葡萄、西瓜、果树和蔬菜的好肥料。选择在通风好、地势高的地方，最好远离居住区及鸡舍500米以上的下风向，将清理出的带垫料鸡粪堆积成堆，外面用泥浆封闭。一般夏季10天左右，冬季 2 个月左右。

2. 干燥法

干燥法又分为高温快速干燥、机械干燥和自然干燥法3种。高温干燥要在不停运转的脱水干燥机中加热，在500摄氏度的高温下，短期使水分降到13%以下，既可以做饲料，也可做肥料。自然干燥的话多用于广大农户，在鸡粪中掺入米糠，在阳光下暴晒，干燥后筛去杂质，装入袋内或置于干燥处备用。

3. 沼气发酵法

鸡粪是沼气发酵的原料之一，尤其是带水的鸡粪，可以用来制取沼气。建立中小型酵池，经10～20天发酵便可生产出沼气。沼气可用作生活取暖，沼渣沼液可以用作有机肥料。

4. 微生物发酵饲料或添加微生态制剂

利用微生物分解粪便中的臭素，喂10天后粪便无臭味，既提高生产效益，改善饲养环境，还可减少苍蝇滋生，效果很好。

三、注意事项

一是加强对鸡粪的管理。一次性集中清粪的高床鸡舍或原垫草鸡舍，应该加强通风，保持鸡粪干燥。分散清粪的鸡舍，水槽末端流出的水最好不要排入粪沟，尽量收取半干鸡粪，及时集中到粪场，防止雨水冲刷。

二是尽量经过堆肥发酵或沼气发酵后使用，比较安全。

三是鸡粪注意药物和添加剂污染，有药残的鸡粪一定不能直接使用，会大面积污染水质和危害其他生物，对环境造成不可估量的损失，建议发酵处理后降解埋掉。

思考题

现代化蛋鸡场有机肥厂怎么建设最合理？

第七章
饲料营养要求及原料质量控制

一、饲料营养要求

在育雏及育成期间供应4种饲料料别，小鸡料是含有高浓度营养的饲料，其配方所配制的均为最佳品质及消化率最好的原料。小鸡料的供应是从1日龄起，直到第3周龄小鸡的体重达到指标，同时也在建立小鸡有良好的骨架发育。第4周龄起改喂饲中鸡料，其料里每千克含有11.37兆焦的代谢热能，喂到第8周龄时鸡群的平均体重达到指标为止，再更换成大鸡料。

产前料使用7～10天，当产蛋5%时，将产前料改换成产蛋高峰料。饲养蛋鸡是为了得到最多的鸡蛋，高峰料的使用是从产蛋5%（19～20周龄）一直到50周龄，以后因鸡龄渐老对必需氨基酸、钙、有效磷及亚油酸需求的改变，50周龄以后再改换为产蛋后期料，直到淘汰。

二、各种原料质量标准

1. 玉米
（1）适用范围：各产区玉米。
（2）品质标准：见表7-1。

表7-1 玉米品质标准

项目		等级	
		一级	二级
	感官指标	籽粒整齐，无发酵、无虫、无结块、无农药残留	
	气味	有玉米特殊味，新鲜、无霉味、无异味、无酸败味	
	水分（%）	≤14.0	≤14.0
	容重（g/L）	≥710	≥690
	杂质（%）	≤1.0	≤1.0
不完善粒	生霉粒（%）	≤1.0	≤2.0
	热损粒（%）	≤1.0	≤1.0
	生芽粒、虫蚀粒（%）	≤0.0	≤1.0
	破损粒（%）	≤2.0	≤2.0
	产地要求	东北、西北	东北、西北
	黄曲霉毒素B_1（μg/kg）	≤10	≤30

（3）说明：品质不完善粒包括下列受到损伤但尚有饲用价值的玉米：虫蚀粒、病斑粒、生芽粒、热损伤粒。

虫蚀粒：被虫蛀蚀，伤及胚或胚乳的颗粒。

病斑粒：粒面带有病斑，伤及胚或胚乳的颗粒。

破损粒：籽粒破损达到该籽粒体积1/5（含）以上的籽粒。

生芽粒：芽或幼根突破表皮的颗粒。

生霉粒：粒或粒面生霉的颗粒，生霉面积在1/2以内算1颗，生霉面积在1/2以上的算2颗。

热损伤粒：受热后胚及胚乳已经显著变色和损伤的颗粒，包括储存时由于水分过高，胚芽变深色的颗粒。

不饱满粒：FB/T 17890—1999中不完善粒不包括不饱满粒，若玉米容重不达三级标准，将不饱满粒计入不完善粒中，不饱满粒是指玉米粒的体积仅是该批玉米正常粒体积的1/2（含）以下。

进口玉米以合同方式对质量标准进行明确，具体指标需技术认可。

2. 小麦

（1）适用范围：本标准适用于冬小麦与春小麦。

（2）性状：主要包括以下方面。

色泽：本品应为黄褐色，籽粒整齐，色泽新鲜一致。

味道：新鲜、具有小麦特有香味，无发酵、无结块、无霉变、无虫及其他异嗅异味。

其他：色泽一致，无农药残留。

（3）品质标准：见表7-2。

表7-2　小麦品质标准

产地	水分（％）	蛋白（％）	容重（g/L）	杂质（％）	生芽+虫蛀（％）	不完善粒（％）
北方	≤12.5	≥13	≥750	≤2	≤4	≤8
南方	≤12.5	≥11	≥730	≤2	≤4	≤8

注：杂质是指：除小麦以外的其它物质，包括筛下物，有机杂质和无机杂质。筛下物是指通过直径2.0mm园孔筛的物质。

（4）毒素标准：见表7-3。

表7-3　小麦毒素标准（μg/kg）

黄曲霉毒素B$_1$	赤霉烯酮	呕吐毒素	T-2毒素
≤40	≤500	≤1 000	≤200
≤40	≤500	≤1 000	≤200

（5）其他参考指标

粗脂肪：≥1.5％。

粗纤维：≤3.0％。

粗灰分：≤2.0％。

3. 麸皮

（1）适用范围：本标准适用于各种小麦为原料，以常规制粉工艺所得副产物中的饲料用小麦麸。麸皮品质标准见表7-4。

（2）性状：主要包括以下方面。

色泽：本品应新鲜一致，淡褐色或红褐色（随小麦品种不同而异）。

味道：具有小麦特有香甜风味，无发酵、无酸败、无结块、无发热、无霉变、无虫及其他异嗅异味。

杂质：不得掺入麸皮以外的其他物质，若加入抗氧化剂、防霉剂时，应做相应说明。

表7-4　麸皮品质标准

项目	水分 ≤%	粗蛋白质 ≥%	粗纤维 ≤%	粗灰分 ≤%	过筛
粗麸					不过
细麸	13.5	14.0	10.0	6.0	100%过20目筛 80%过40目筛

（3）毒素标准：见表7-5。

表7-5　毒素标准（μg/kg）

毒素名称	黄曲霉毒素B_1	赤霉烯酮	呕吐毒素	T-2毒素
限量	≤40	≤1 000	≤2 000	≤200

4. 豆油

（1）适用范围：本标准适用于大豆经压榨，浸出后之油品。

（2）性状：主要包括以下方面。

色泽：本品为黄色至棕黄色，但不能有黑色。

味道：新鲜，香味良好，无酸败、霉味（哈喇味）、煮沸后无明显异味。

质地：清澈、透明液体，无异味、无杂质、色泽一致。

（3）品质标准：主要包括以下方面。

水分：≤0.2%。

酸价：≤2.0。

碘价：120～140。

凝固点：0℃冷藏5.5小时未见明显凝固现象。

5. 玉米油

（1）适用范围：本标准适用于玉米胚芽经压榨或浸提所得的油脂。

（2）性状：主要包括以下方面。

色泽：本品应为黄色至棕黄色。

味道：无有机溶剂，香味良好、无酸味、无霉味（哈味）、煮沸后无明显异味。

其他：清澈、透明液体。

（3）品质标准：主要包括以下方面。

水分：≤0.2。

酸价：≤4.0。

碘价：100～130。

6. 豆粕

（1）适用范围：本标准适用于以黄豆为原料，经压片处理，以溶剂提油后所得之产品。

（2）性状：主要包括以下方面。

色泽：本品颜色应为亮黄、黄色、色泽均匀一致。

质地：本品应厚薄均匀片状或粒状，流动性好。

气味：具有豆粕特有香味，无酸败、无焦味、无霉味、无虫及其他异嗅异味。

其他：流动性好，无发热、无结块、无酸败、无霉味、无有机溶剂味，不得掺有豆粕以外的其他物质。

（3）品质标准：主要包括以下方面。

水分：≤13.0%。

粗蛋白质：≥43.0%（原则上按合同规定执行）。

粗纤维：≤6.0%。

粗灰分：≤7.0%。

尿素酶活性pH值：0.05～0.25。

蛋白溶解度：70.0%～85.0%。

黄曲霉毒素B_1≤30μg/kg。

7. 豆粕（粗蛋白46%）

（1）适用范围：本标准适用于以黄豆为原料，经压片处理，以溶剂提油后所得之产品。

（2）性状：主要包括以下方面。

色泽：本品颜色应为亮黄、黄色、色泽均匀一致。

质地：本品应厚薄均匀片状或粒状，流动性好。

气味：具有豆粕特有香味，无酸败、无焦味、无霉味、无虫及其他异嗅异味。

其他：流动性好，无发热、无结块、无酸败、无霉味、无有机溶剂味，不得掺有豆粕以外的其他物质。

（3）品质标准：主要包括以下方面。

水分：≤13.0%。

粗蛋白质：≥46.0%（粗蛋白质原则上按合同规定执行）。

粗纤维：≤6.0%。

粗灰分：≤6.0%（≥7.0%退货）。

尿素酶活性pH值：0.05～0.25。

蛋白溶解度：70.0%～85.0%。

黄曲霉毒素B_1≤30μg/kg。

8. 石粉（粉）

（1）适用范围：本标准适用于以天然碳酸钙矿石粉碎加工所得的产品。分子式：$CaCO_3$分子量：100.09。

（2）性状：主要包括以下方面。

色泽：白色或灰白色。

细度：95%以上可通过60目标准筛。

杂质：本品不得掺有碳酸钙以外的其他物质。

（3）品质标准：主要包括以下方面：

钙：≥39.0%。

氟：≤0.2%。

其他：砷：≤2.0mg/kg；铅：≤10.0mg/kg；汞：≤0.1mg/kg。

9. 石粉（粒）

（1）适用范围：本标准适用于以天然碳酸钙矿石粉碎加工所得的产品。分子式：$CaCO_3$分子量：100.09。

（2）性状：主要包括以下方面。

色泽：白色或灰白色。

细度：100%通过5毫米标准筛，2毫米标准筛上物占70%以上。

杂质：本品不得掺有碳酸钙以外的其他物质。

（3）品质标准：主要包括以下方面。

钙：≥39.0%。

氟：≤0.2%。

其他：砷：≤2.0mg/kg；铅：≤10.0mg/kg；汞：≤0.1mg/kg。

思考题

请列出黄曲霉毒素在4种原料中允许的最高含量。

第八章
消毒程序

一、消毒要求

消毒要求主要有以下方面。

（1）育雏舍每日带鸡、环境消毒（免疫当天，前后1天内不能带鸡消毒）。

（2）育成舍、产蛋舍每周一、四，进行空间、环境消毒。

（3）每天运来的蛋盘必须消毒后才能进入鸡舍使用。

（4）工作服每周清洗一次。

（5）生产区的工器具，转群使用时需喷雾消毒。

（6）注射器、刺痘针使用后，必须消毒才能第二次使用。

（7）进入鸡舍的饲养人员，需喷雾消毒/脚踏消毒池、更换工作服后才能进入鸡舍。

（8）进入生产区的所有人员，需熏蒸后、更换工作服方能进入生产区工作。

（9）进入生产区的所有车辆，需喷雾消毒后方能进入生产区。用高压清洗机喷雾车身，车辆的挡泥板、车轮、顶棚和底盘必须充分清洗干净、喷透必须严格消毒。

（10）空舍消毒：按照以下程序进行：鸡粪清除→鸡舍清扫→高压水枪冲洗→干燥→消毒液喷房顶、墙壁、地面→干燥→除虫（鸡舍周边、卫生死角）→熏蒸消毒→密闭2天→通风→进鸡。整个消毒过程不少于15天。

（11）接粪板使用前先用冲洗干净，要求每张竹夹板都干净、无污物。然后用碘制剂消毒液、醛制剂或氯制剂均匀喷洒于接粪板两面。

（12）淘汰鸡销售完后，及时对场地进行清扫、消毒和记录。

（13）药品运到药品库后，对药品熏蒸10分钟后，才能验收入库。

（14）解剖室消毒：解剖室在使用后需用消毒液泼洒地面、解剖台，并用紫外灯照射30min。

（15）环境消毒：①大门前后，10～30米的大门场外场地过道，每周2次；另外根据天气及疫情，增加消毒次数。②主要通道过道，必须需进行消毒，每月2次，按照每平方米不低于50毫升。③鸡舍外围3米范围内需进行消毒。每周一、四消毒，按照每平方米不低于50毫升。

二、鸡舍消毒方法

1. 熏蒸消毒

（1）育雏舍空舍消毒：消毒前，密闭所有门窗及缝隙。在预温的同时，用季胺盐类消毒药液喷洒消毒笼具、墙壁、地面、天花板（不低于30毫升/平方米）。再用5%过氧乙酸或甲醛28～42毫升/平方米熏蒸消毒，熏蒸24小时以上，然后打开门窗和排气扇将气味排出。

（2）入场超声波雾化消毒：①人员与物资：拜安或拜洁、卫康或卫可按说明书配制，人员超声波雾化5～10分钟，脚踏消毒池或盆后方可入场。物资超声波雾化20分钟。②消毒池（盆）放消毒垫，水位以刚好淹没鞋底为准，水池（盆）消毒液更换以半天为更换一次消毒液。消毒盆放置在避光、避雨的环境中。

（3）入舍消毒：①鞋底需踩踏消毒池（盆）后进入。②消毒池（盆）水位以刚好淹没鞋底为准，水池（盆）消毒液更换以半天更换一次消毒液。消毒盆放置在避光、避雨的环境中，消毒液使用氯制剂。

2. 鸡舍喷雾消毒

将喷雾器具喷头离上层笼具50厘米向上喷雾消毒（30毫升/平方米），保持均匀喷洒。

3. 饮水消毒

对水质不达标的场，按照消毒液的饮水消毒浓度和用水量，配制好消毒液，半小时后才能饮用，连续饮用12小时。

三、器具消毒方法

器具消毒主要注意以下方面。

（1）注射器、刺痘针等免疫器具使用后，在24小时之内清洗干净，用无腐蚀性消毒液浸泡5分钟，用清水漂洗干净保存；使用前经煮沸消毒15分钟，冷却后使用。

（2）断喙器、电子称等应经熏蒸消毒或消毒液擦拭后方可进入鸡舍使用。

（3）工作服的消毒：养殖人员和技术人员的工作服每周至少清洗一次，放入消毒柜熏蒸消毒。

（4）蛋盘的消毒：每次使用后进行冲洗、凉干、喷雾消毒。

（5）对斗车、平板车、铲子和收蛋车等器具进行喷雾消毒。

四、发病期消毒管理

发病期消毒应注意以下方面。

（1）发病期间按疫病推荐剂量使用，并增加消毒次数。

（2）发生IBD、REO或预防IBD、REO使用碘制剂、氯制剂和醛类消毒，而不能使用拜洁这类阳离子型消毒剂和酚类消毒剂、环氧乙烷。

思考题

1. 某鸡舍有3 000立方米，请问进行熏蒸消毒至少需要多少毫升福尔马林？

2. 免疫时消毒应该注意什么？

第九章
免疫操作技术规范

一、免疫前准备

1. 人员准备

免疫接种人员必须经过培训合格上岗。做到操作熟练、规范、准确，责任心强。

操作前进行人员消毒，并穿戴洁净的工作服。疫苗稀释专员再用清水洗手、干燥。

2. 操作准备

免疫操作人员要检查鸡群健康、疫苗质量、器械配备并确认无误后方可实施免疫操作。

（1）检查鸡群情况。免疫前要了解鸡群的健康状况，凡有异常情况经报批决定是否正常免疫或延缓免疫（紧急免疫除外），紧急免疫时遵循"先健康后疑似再发病"原则。充分考虑到分群、断喙、大风降温等应激因素，免疫前后加强饲养管理，稳定饲养环境。

（2）疫苗质量检查。免疫操作人员发现疫苗瓶破碎或瓶塞松动、瓶内有异物或发霉、沉淀分层、变色、药品外包装没有标签或标识缺失、药品过期失效、药品与免疫程序不一致的、未按规定保存等情况有任何一项出现禁止使用并上报技术经理处理。

（3）器械准备。疫苗免疫前注射器、针头等要事先清洗干净，并用沸水煮或高压灭菌15～30分钟，切不可用消毒药消毒。调整注射器的免疫剂量，在免疫过程中定时校正。喷雾免疫设备用前用清水清洗干净、干燥、安装部件，调节喷头位置到与鸡头平行。用后立即拆洗，管枪干燥消毒1周。

二、免疫操作规范

1. 疫苗准备

为保证每只鸡接种到疫苗，建议疫苗采购时按照实际需要量的105%量进行采购。

油乳剂灭活苗：外界气温低于15℃时，放到40℃温水中预温30分钟。气温高于15℃时，提前放到鸡舍中2～15小时，切不可日晒；将预温的疫苗上下颠倒不少于10秒，免疫过程中要摇匀2～3次。油苗连接注射器各部位排净管线中所有空气，保持密闭无漏气现象。

冻干苗：先用无菌注射器吸取2～4毫升稀释液，用针头插入疫苗瓶盖，缓慢注入稀释液于疫苗瓶内，反复颠倒使疫苗团块充分溶解，再用针头吸出瓶内所有液体，按照使用浓度再次稀释。严禁直接打开瓶盖造成压力骤增使病原失活，同时检测真空度（失空的疫苗不能使用）。按照要求现配现用（稀释好的疫苗在45分钟内用完，可分装供多人用）。未稀释的疫苗放在加冰的保温箱内。

2. 注射

（1）注射免疫有以下几种方法。

颈部皮下：2周龄前的鸡，使用7号针头，2周龄后用9号针头。采用单人操作，左手拇指和食指将雏鸡颈部下1/3处皮肤捏起，使皮肤和肌肉之间形成空窝，右手持注射器向颈后部平行扎入左手拇指和食指提起的皮肤中间，推入疫苗后拔出针头，注射正确会感到疫苗充盈（图9-1）。如发现颈部羽毛变湿，说明打漏了应重新补一针。

浅层胸肌：保定人要求一手抓住双翅根部，一手抓住鸡两条腿跗关节以上部位，将鸡胸部展开鸡头朝向注射人员（图9-2）。注射人员掌握准确的注射部位，左手由后向前逆向拨开羽毛按在龙骨两端，龙骨两侧上1/3处，即肌肉丰满的地方，针头应与胸骨呈30°～45°角刺入（视肌肉丰满程度而定）。

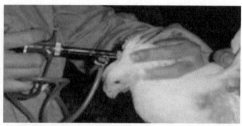

图9-1　颈部皮下注射

图9-2　胸肌注射

翅根肌肉注射：一个人操作。4周龄前可左手食指和中指夹住鸡颈部，大拇指由下向上翻转鸡翅，4周龄后左手抓住鸡只双翅，漏出翅根部肌肉，右手30°～45°角刺入肌肉。若羽毛变湿说明打漏了应重新补一针。

腿肌注射：采用7～9号针头，刺入外侧浅层肌肉（大腿内侧神经、血管丰富），注射器斜着45°扎入肌肉，应避免针头碰到骨头，注意不能刺到关节和滑液鞘，以免刺伤腿部的血管、神经、肌腱（图9-3），本法易引起瘫痪，产蛋期慎用。

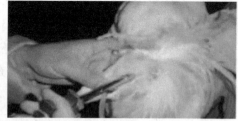

图9-3　腿肌注射

（2）注意事项：①经常核对注射器刻度和实际容量的误差。②经常晃动疫苗瓶力求疫苗均匀，同时防止有空气进入注射器和塑料软管，及时排空空气。③注射时将针头推到位打出疫苗后缓缓拔出，以免疫苗漏出。④注射部位要准确，不宜过深，也不宜过浅，动作不要粗暴，速度要慢。⑤免疫时每500羽更换一次针头，紧急接种时每200羽换一次针头。⑥跑出笼子的鸡，都要经注射免疫后再放回笼子。

3.刺种

刺种适用于脑炎鸡痘、鸡痘等。

（1）刺种方法：左手轻展鸡翅，右手将刺痘针或枪插入鸡翅翼膜内侧，避开血管。刺种针勿接触鸡的羽毛（以防擦掉疫苗），也勿在刺种针上带一些绒毛（浪费疫苗），刺痘针、枪500羽换一次或酒精消毒一次（图9-4）。

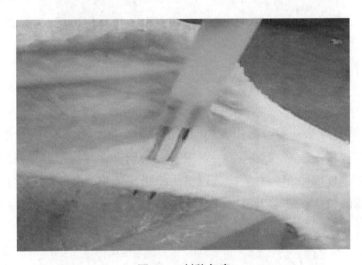

图9-4 刺种免疫

（2）注意事项：①疫苗稀释后在2h内用完，避免手握；未稀释的疫苗处于冰浴中。②刺种后1周检查接种部位有无结痂情况，无结痂或结痂较差时及时补免。③保持针头始终朝下，刺痘枪液面不少于1厘米以浸过刺种针孔，少于1厘米及时添加疫苗。

4.点眼、滴鼻或滴口

此免疫法适用于新城疫、传支、传喉、法氏囊等活苗。

（1）点眼或滴鼻方法：将疫苗用专用稀释液稀释分装，通常1 000份疫苗使用30毫升稀释液。用左手将雏鸡握于手掌中，呈水平位置，用拇指和食指固定鸡头平放，使一侧眼鼻向上，中指堵住下侧鼻孔，右手持点眼瓶将小拇指置于鸡头部定位。自1～2厘米的高度滴入鸡的眼睛或鼻孔内，免疫时滴嘴不得接触眼球，以免损伤眼睛，不得接触手、鸡等，以免污染疫苗（图9-5）。

图9-5　点眼免疫

（2）滴口方法：将疫苗用专用稀释液稀释分装，通常1 000份疫苗使用30毫升稀释液。用左手将雏鸡握于手掌中，鸡头朝上，用拇指和食指固定鸡头，拇指轻压下颌使嘴微张，右手持滴瓶将小拇指置于鸡头部定位。自1～2厘米的高度滴入鸡的口中，滴嘴不得接触手、鸡等，以免污染疫苗（图9-6）。

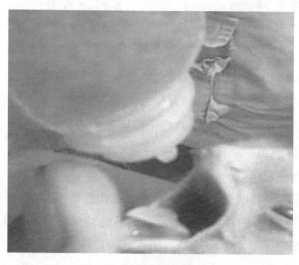

图9-6　滴口免疫

（3）注意事项：①疫苗现配现用，要求45分钟内用完，未使用的疫苗和稀释液保持冰浴，避免高温（育雏）。②使用前将滴瓶内空气排尽。滴种过程中，要始终保持滴嘴向下，确保每滴疫苗的接种剂量保持恒定（注意滴瓶的角度）。③禁止全手紧握滴瓶（3指固定滴瓶）或阳光直射疫苗。④滴入后，稍等片刻，使疫苗完全吸入鼻或眼内，如疫苗液外溢，则应补滴。⑤免疫后疫苗瓶和滴瓶应集中收集在指定位置，先用消毒液浸泡再焚烧处理，器具等接触物要消毒。

5. 喷雾免疫

此免疫法适用于新城疫、传支等弱毒苗。

（1）喷雾免疫方法：每栋鸡舍计算好喷雾剂量和时间。先喷水除尘，一次性稀释好每栋舍的疫苗。紧接着关闭门窗、风机。每个走道一台喷雾机器，每个喷头与鸡头同高。喷雾过程中随时检查喷头位置是否偏离，并及时校准。4周龄前除孵化室外不喷雾。对雾滴大小进行测试，雾滴大小控制在30～50微米。喷雾完后保持10～20分钟再开启小窗和风机。

（2）注意事项：①产蛋鸡避开产蛋时段（8：00—14：00）。②操作人员要保护好自己的口鼻眼，以防造成伤害；③喷雾免疫的稀释液应用蒸馏水，或使用生理盐水（可加入6.2毫升/升的甘油，雾滴黏附性会更好）。④天气炎热时气雾免疫应在早晚凉爽时进行，而且舍内相对湿度值在70%。⑤喷雾免疫使用剂量应加1.5或2倍。

三、断喙操作技术要点

一般在6～10日龄断喙，7～8周龄或10～12周龄适当修喙。

1. 断喙前准备

选用电热断喙器，刀片应锐利洁净，断喙器孔径，6～10日龄为0.44厘米，10日龄以后为0.48厘米。断喙前对断喙器消毒，晾干后使用。

2. 断喙方法

（1）人工断喙：断喙器放置适当，其高度以与操作者断喙时的前臂呈水平状态为宜；接通电源，调整断喙器刀片温度至暗红色，一般要求650～700℃。

将雏鸡固定，左手握住鸡腿，右手拇指按于鸡头部，食指则抵住咽部，稍稍用力使鸡缩舌，并使上下喙闭合严密，将鸡喙放入适当大小的断喙孔内。断喙长度应切去上喙喙尖至鼻孔的1/2、下喙的1/3，剩余部分距鼻孔前缘应为0.2厘米。采用本交配种的公鸡，可只断喙尖。将喙切面在断喙器上烧烙止血2～2.5秒，切面成焦黄色。

（2）红外线断喙：1日龄由孵化场操作完成。见《孵化场1日龄断喙操作流程》。

3. 修喙方法

断喙器放置的高度及刀片温度同上；左手大拇指和食指握住翅膀根部，左手小拇指勾住鸡左侧小腿部，右手保定头部，大拇指放在头部，食指抵住咽部，稍稍用力使鸡缩舌，并使上下喙闭合严密，离鼻孔0.6厘米处修整，下喙较上喙以伸出0.3厘米为宜。

4. 断喙注意事项

断喙需由专业人员进行，操作手法稳、准、快。断喙应选择天气凉爽时进行，温度高于27℃时不宜断喙；在防疫、转群、健康状况不良及更换饲料期间不宜断喙；断喙前3天不能饲喂磺胺类药物；断喙前后2～3天内，在饲料中加入2～5毫克/千克维生素K和维生素C；断喙后检查鸡群，对喙部出血的雏鸡重新灼烧止血；断喙后饲槽中应有足量饲料，厚度以5厘米为宜，一周内不得限饲。保证雏鸡充足饮水，水槽水深1厘米以上。若应用乳头饮水器，再保留真空饮水器3～5天；断喙后在饲料或饮水中可加入适量抗生素，防止继发感染。

四、免疫后续工作

免疫后续工作包括以下方面。

（1）完整记录疫苗免疫记录（包括疫苗品名、疫苗使用数量、接种鸡只数、接种日期、疫苗批号、有效期、生产企业、异常反应和接种者签名等），并交由场长或技术员签字确认。

（2）接种后应留意观察鸡群2～3天，并记录鸡群临床异常反应。

（3）免疫前后1天时间可用营养药物，以减少应激反应，提高免疫力。

（4）用过的疫苗瓶、开瓶后未使用完的疫苗、及废弃物统一放指定位置，及时进行消毒，焚烧处理。

（5）免疫工具用后及时消毒。

思考题

1. 规格250毫升/瓶的油苗，按照0.3毫升/只的剂量，5.1万只鸡需要发放多少瓶疫苗？如果进行颈部皮下注射，需要注意什么？

2. 请列出断喙的三点注意事项。

3. 请列出点眼的三点注意事项。

第十章
蛋鸡常见疾病及防治

一、病毒病

1. 鸡新城疫

鸡新城疫是急性、败血性、毁灭性传染病。传播快，死亡率高，世界各地均有流行，亚洲地区流行广泛，故又称亚洲鸡瘟。

【病原】

鸡新城疫病毒（NDV）属副粘病毒，存在于病鸡的唾液、鼻液、粪便、血液和所有的组织器官中，所以病鸡是主要传染源。病毒在低温阴湿条件下很长时间不会死亡，但在直射阳光下很快被杀灭，对消毒药抵抗力不强。感染途径主要是呼吸道和消化道。病毒能使一些禽类及哺乳动物的红血球发生凝集，这种凝集又能为特异血清所抑制，这一特性可用来诊断的鉴定病毒或进行免疫监测。

【临床症状及剖检病变】

最急性型病鸡常不显任何症状而突然死亡，多见于流行初期。常见为急性型，病鸡体温升高达43～44℃，食欲减退或废绝，有渴感，精神萎靡，缩颈垂头，翅下垂，闭眼，鸡冠及肉髯变成暗红或紫色，咳嗽，呼吸困难，常发出"咯咯"声，倒提时有大量酸臭液体从口中流出，粪便稀薄呈黄绿色或黄白色，后期排出蛋清样排泄物，一般2～5天死亡。剖检有全身性膜变化，嗉囊充满酸臭稀薄的液体和气体。腺胃黏膜水肿，其乳头或乳头间有出血点或溃疡及坏死，这是本病的特征变化。肌胃角质层下也常有出血，小肠至盲肠、直肠有大小不等的出血点，肠黏膜上有纤维素性坏死性病变，假膜脱落后形成溃疡。盲肠扁桃体肿大、出血和坏死，周围组织水肿。肺有时水肿或瘀血。产蛋母鸡卵黄膜和输卵管充血，卵黄膜极易破裂，卵黄流入腹腔引起卵黄性腹膜炎。亚急性或慢性型病鸡病程稍长，主要出现神经症状，翅、腿麻痹，运动失调，常见伏地转圈，头向后向一侧扭转。近年来普遍使用疫苗，但有的免疫程序不尽合理，母源抗体或免疫抗体干扰活疫苗的作用，使一些个体免疫力不够坚强，导致出现非典型新城疫。病鸡症状不明显，死亡率不高，以呼吸系统症状为主，产蛋鸡群常出现产蛋量突然急剧下降，产小蛋、软壳蛋或沙壳蛋，有的蛋白稀薄如水。病初对病鸡群采血进行血凝抑制（HI）试验，HI抗体水平不整齐，个体之间相差很大，病后2周再检查，HI抗体水平有明显的不正常升高。非典型新城疫除造成经济损失外，更重要的是感染鸡群会成为野毒贮存库，使疫病连绵不断，千万不能忽视。

典型症状见图10-1。

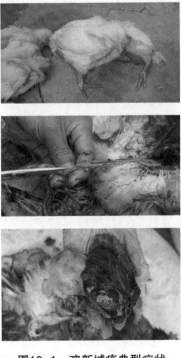

图10-1　鸡新城疫典型症状

【防制】

预防鸡新城疫除了要搞好消毒隔离卫生工作外，合理的免疫接种是最重要的一环，要求鸡群具有整齐一致、持久、高水平的免疫力。为此应兼顾全局部免疫和全身免疫，在自然条件下，新城疫野毒首先在呼吸道定殖然后扩散到全身，用弱毒疫苗对雏鸡进行点眼或滴鼻即可在呼吸道建立起免疫屏障。群体也可饮水免疫或喷雾免疫。饮水免疫的疫苗剂量应加倍，喷雾免疫最好在一月龄以上鸡群使用以免引发雏鸡应激反应。全身免疫可防止病毒感染全身化，接种油佐剂灭活苗是建立全身免疫的有效方法。

为使鸡群在整个生产期都能保持良好的免疫状态，应分别制定种鸡、肉鸡的免疫程序。有条件的鸡场应进行免疫监测，一般用血凝抑制（HI）试验，根据HI抗体效价的高低确定免疫时间及免疫效果。为保证首次免疫成功排除母源抗体的干扰，雏鸡群的HI抗体效价应在16倍以下进行首免。首免日龄也可选择在母抗水平尚未升高的1~2日龄。在首免后2~3周应监测一次，确定免疫是否成功，若失败则应再次免疫。免疫水平雏鸡和后备青年鸡的HI效价要求16倍以上，种鸡要求80倍以上。种鸡在120日龄上笼前应接种油佐剂灭活苗和滴鼻或喷雾弱毒苗，强化全身免疫和局部免疫，以保证鸡群在产蛋期内有较高的免疫水平。

2. 鸡传染性法氏囊病

鸡传染性法氏囊病是病毒引起的主要危害3~10周龄鸡的免疫抑制性接触性急性传染病，发病率高，病程短，感染鸡的免疫应答能力降低，影响疫苗接种效果，并易感染其他传染病，毒力强的变异株能引起鸡群较高的死亡率。

【病原】

鸡传染性法氏囊病毒属于双RNA病毒科，无囊膜，由双股RNA组成。本病毒对理化因素的抵抗力极强，在鸡舍内能存活122天，pH值为2的酸性环境下1小时不被灭活，60℃90分钟存活。对乙醚、氯伤、紫外线也有很强的抵抗力。在碱性环境中易死亡，3%煤酚皂液、石炭酸溶液、0.1%升汞溶液30分钟以及5%福尔马林、0.5%氯胺丁10分钟可杀死病毒。

【临床症状及剖检病变】

鸡群突然发病，腹泻，排出白色泡沫样甚至奶油样稀便，精神不振，闭目昏睡。病死鸡脱水，胸肌色泽发暗，大腿外侧和胸部肌肉常见条纹或斑块状紫红色出血，腺胃和肌胃交界处黏膜有淡红色或暗红色出血斑。肾脏肿大，有尿酸盐沉积，有时整个肾脏呈苍白色。最为特征的病变出现在法氏囊上，因水肿比正常时肿大2~3倍，囊壁增厚3~4倍，呈浅黄色。有的法氏囊明显出血，黏膜皱褶上有出血点或出血斑，水肿液呈淡粉红色。严重者法氏囊呈黑紫色如紫葡萄状，因水肿法氏囊黏膜皱褶发亮，浆膜面出现黄色胶胨样水肿液并有纵行条纹。后期法氏囊萎缩。据报道，毒力变异株所致病变主要是脾脏肿大，法氏囊萎缩。

典型症状见图10-2。

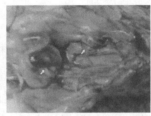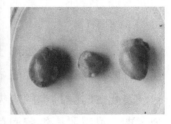

图10-2 鸡传染性法氏囊病典型症状

【防制】

目前我国传染性法氏囊病流行有一些新特点。3月龄以上病鸡也不少见；死亡率有的超过50%；疫苗应用效果往往不好，出现以上情况可能是免疫程序不够合理，母源抗体对免疫有干扰，弱毒苗更易受干扰；存在亚型及毒力变强的变异株。防止传染性法氏囊病应做好以下工作。

（1）加强卫生防疫措施，控制强毒污染。

（2）选用合适的疫苗，在法氏囊病发生比较普遍的地区最好不用弱毒疫苗，以中毒疫苗为主，或选用变异株疫苗。如现有有疫苗无效，可用当地病死鸡法氏囊组织做油佐剂灭活苗，针对性强效果好。

（3）合理的免疫程序应根据一日龄雏鸡琼脂扩散（AGP）母源抗体阳性率制定。按雏鸡总数0.5%抽检，当AGP阳性率≤20%时应立即进行免疫，为40%时在10日龄和28日龄各免疫一次，60%~80%时17日龄首免，AGP阳性率≥80%时应在10日龄再次监测。此时AGP阳性率小于50%应于14日龄首免，大于50%在24日龄首免。如无监测条件，若种母鸡未接种过法氏囊灭活苗估计母源抗体较低时，可于1龄首免，18日龄2免；若种母鸡接种过法氏囊灭活苗估计母源抗体较高时，可在18～20日龄首免，30～35日龄2免。也可首免后每隔1周加强免疫一次，共2～3次。种母鸡开产前应用油佐剂灭活苗加强免疫，使子代获得水平高的均一的抗体，能有效防止雏鸡早期感染，也有利于鸡群免疫程序的制定和实施。

（4）紧急预防用法氏囊病卵黄抗体或高免血清效果明显，加大剂量作治疗也有效。

3. 鸡马立克氏病

鸡马立克氏病是由病毒引起的一种传染性肿瘤性疾病，以淋巴组织增生和肿瘤形成为特征，对养鸡业威胁极为严重。

【病原】

鸡马立克氏病病毒属于疱疹病毒B亚群，为细胞结合性病毒。病毒在体内存在有两种形式，在肿瘤中是无囊膜的不完全病毒，只能寄生在细胞内，当细胞破裂死亡时病毒也随之失去传染性。而在羽毛囊的上皮细胞内是有囊膜的完全病毒，可以脱离细胞而存活，对外界抵抗力强，是主要的传染来源。一般消毒药以福尔马林、氢氧化钠效果较好。

马立克氏病毒（MDV）有3个血清型，I型为致癌性的，按毒力又可分为温和马立克氏病毒（mMDV）、强毒马立克氏病毒（vMDV）和超强毒马立克氏病毒（vvMDV）。Ⅱ型为非致癌性的。Ⅲ型为火鸡疱疹病毒。

【临床症状及剖检病变】

马立克氏病根据临床症状可分为四种类型，但也经常混合发生。

神经型主要侵害外周神经，表现为运动障碍，步态不稳，严重时不能行走，蹲伏地上，一腿向前一腿向后出现特有的劈叉姿势，单侧翅下垂，头下垂或戏歪斜，失声，嗉囊麻痹或扩张，呼吸困难，拉稀。剖检可见受侵害神经变粗大，比正常神经粗2～3倍，横纹消失。

内脏型最常见，病死率高。病鸡常出现严重营养不良，渐进性消瘦，贫血，黏膜苍白，厌食，腹泻。剖检可见内脏组织长出大小不等的肿瘤，灰白色，质地坚硬而致密。有时肿瘤细胞于组织中呈弥散性增长，整个器官变大，灰白色的肿瘤组织与原有组织相间成大理石斑纹状，其中以性腺、肾、肝、脾、心脏等器官最易受损。法氏囊通常发生萎缩，此点与鸡白血病不同。

眼型病鸡虹膜受损，可能一侧或两侧失明。虹膜正常色素消失，呈同心环状或斑点状以至成弥漫的灰白色，严重者瞳孔仅留下一针头大的小孔。皮肤型病变最初见于颈部及两翅，以后遍及全身皮肤，毛囊形成小结节或瘤状物。

典型症状见图10-3。

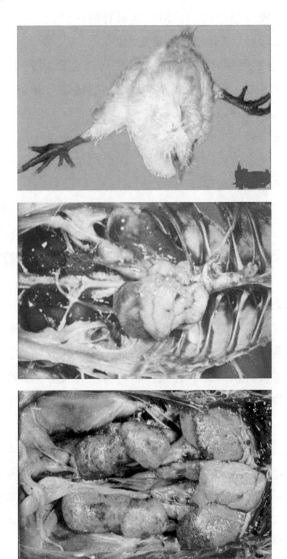

图10-3　鸡马立克氏病典型症状

【防制】

本病无治疗方法，关键是做好预防接种。火鸡疱疹病毒干苗（HVT）由于便于保存应用广泛，接种1日龄雏鸡可防止肿瘤发生，接种后3周产生免疫力，为避免雏鸡产生免疫力前发生感染，育雏室必须严格消毒可用福尔马林熏蒸，并需严格隔离饲养。疫苗用量要足，用规定的稀释液稀释，稀释后易失效，应稀释一瓶用一瓶，疫苗瓶应置于冰浴中，稀释后的疫苗1小时内用完，1小时后疫苗剂量应加倍，稀释后2小时即不能使用。

近年来有的地方使用HVT疫苗后仍有马立克氏病发生，这可能有超强毒（vvMDV）的感染，HVT疫苗对vvMDV的预防效果差，可使用2价苗或CVI998液氮苗防止vvMDV的侵袭。

4. 鸡病毒性关节炎

鸡病毒性关节炎也称病毒性腱鞘炎，以足部关节肿胀、腱鞘发炎继而腓肠腱断裂为特征，多发生于肉鸡。

【病原】

鸡病毒性关节炎病毒属呼肠孤病毒科病毒，病原广泛存在于自然界，不同毒株间毒力有很大差异，病毒通过或消化道侵入机体，在鸡群中迅速传播，常为隐性感染。

【临床症状及剖检病变】

雏鸡感染后多在4～6周龄发病，症状因毒株而异，有的幼雏发生肠炎而下痢，有的引起轻微呼吸道症状。最常见的是关节炎或腱鞘炎，初期步态稍见异常，逐渐发展出现跛行，跗关节肿胀，病鸡喜坐在关节上，驱赶时才跳动。患肢不能伸张，不敢负重。大雏或成鸡易发生腓肠腱断裂，趾曲屈，患肢向外扭转，步态蹒跚。病鸡发育不良，长期不能恢复。

剖检可见跗关节周围肿胀，曲趾腱和腓肠腱周围水肿，切开皮肤充满淡红色滑膜液，如混合细菌感染，有脓样渗出物。腱断裂的病鸡局部组织可见到明显的血液浸润。慢性病鸡（主要为成鸡）腓肠腱增厚、硬化和周围组织粘着，失去活动性，关节腔有脓样、干酪样渗出物。试验室诊断多用琼脂扩散试验，病毒感染后2～3周血清中出现沉淀抗体，持续10周以上。

【防制】

种母鸡在开产前2～3周注射油佐剂灭活苗，抗体通过蛋传递给雏鸡，可在3周龄内不受感染。雏鸡可在2周龄时接种弱毒苗，保护肉雏在生长期内不发病。发病鸡应剔出集中隔离饲养，症状严重的淘汰。

5. 鸡减蛋综合征

减蛋合症征（EDS－76）是鸡群产蛋急剧下降的一种传染病，1976年首先在荷兰发现。

【病原】

减蛋综合征病毒为腺病毒，能凝集鸡、鸭、鹅、鸽等的红细胞，由此可进行血凝（HA）试验和血凝抑制（HI）试验诊断本病和作免疫监测。病毒在鸭胚、鹅胚中繁殖良好，鸡胚中不繁殖。病毒自然宿主是鸭和鹅，成为传染源。本病主要通过蛋垂直传播，也可经鸡水平传播。

【临床症状及剖检病变】

感染鸡在性成熟前不表现临床症状，病毒处于"休眠"状态，鸡群在产蛋率达到50%至高峰时，应激因素使病毒活化，在输卵管峡部大量复制，产蛋突然下降，幅度在10%～50%，一般在30%左右，可持续4～10周，以后缓慢恢复，但很难达到正常水平。蛋壳品质差，色泽消失变粗糙，出现薄壳、软壳或无壳蛋，蛋变小重量减轻。剖检病变不明显，有的可见输卵管黏膜肥厚，腔内有白色渗出物或干酪样物，有时卵泡软化。

【防制】

健康鸡场要做好隔离消毒工作，不将病毒带入场内。鸡场不宜同时饲养鸭和鹅。种鸡在开产前体内病毒还未活化时（14～16周龄）接种油佐剂灭活苗常取得理想结果。近年来有的地区按常规方法免疫后鸡群虽未明显出现减蛋现象，但开产期推迟产蛋量达不到高峰，这可能是免疫前病毒已活化，损害了生殖系统。建议在这些地区可免疫两次，首免时间提前在8周龄时接种，开产前再加强1次。免疫鸡的减蛋综合征血凝抑制（HI）抗体滴度要求80倍以上。

6. 禽流感

禽流感是A型流感病毒引起的禽类全身性传染病。鸡的流感1878年首先发生于意大利，死亡率极高，又称为鸡瘟（真性鸡瘟）。

【病原】

禽流感病毒是正黏病毒属的成员，病毒的表面有一层棒状和蘑菇状的纤突，前者称为血凝素（HA），后者称为神经氨酸酶（NA）。这些抗原以不同的组合产生极其多样的亚型毒株。HA和NA诱发的抗体可用来鉴定亚型并对病毒的感染有保护作用。病毒在干燥的尘土中可存活14天，冷冻的肉中可保存10

个月。但对直射阳光和加热抵抗力不强，常用消毒药也容易将病毒杀灭。

【临床症状及剖检病变】

由于病毒血清型的不同及毒株毒力强弱的不同，禽流感的症状极为复杂，有时呈致死率极高的急性感染，有时呈致死率低的呼吸道感染，有的仅引起短期的产蛋率下降或只发生额窦炎、腹泻。临床上可分为最急性、急性、亚急性及隐性感染。病鸡一般体温急剧上升，精神沉郁，拒食，昏睡，眼睑、头部浮肿，肉冠、肉垂出血发绀坏死，脚鳞出现紫色出血斑，有的颈部出现向后扭转的神经症状，多呈急性死亡。有的以呼吸道症状为主，咳嗽、喷嚏，气管出现啰音，流泪，副鼻窦肿大，下痢，产蛋下降。

剖检头部、颈部出现渗出性肿胀，皮下有胶样浸润。心包积水，心外膜有出血点或灰黄色坏死性病灶，心肌软化。腺胃乳头出血，脾脏、肝脏肿大出血，有时毛细血管破裂出现血肿。肾肿大。法氏囊水肿呈黄色。卵泡畸形、萎缩。腹腔有纤维素性渗出物。

典型症状见图10-4。

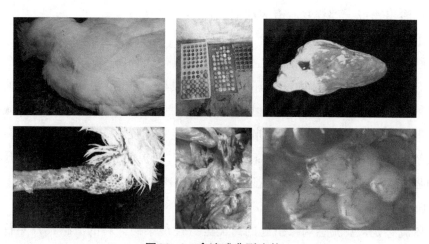

图10-4　禽流感典型症状

【防制】

禽流感病毒存在许多亚型，彼此之间缺乏明显的交叉保护作用，抗原性又极易变异，即使同一血清型的不同毒株，往往毒力也有很大的差异，这给防制本病带来了很大的困难。因此，我们必须对禽流感提高警惕，不从有病地区引种和带入畜产品，加强检疫、隔离、消毒工作，对疫情严加监视，在发现可疑疫情时迅速报告有关主管部门，尽快作出确诊，及时采取果断有力的扑灭措施，将疫情控制在最小的范围内。世界上许多国家对高致病力毒株引起的疫病，多采用消毁病鸡群的办法加以扑灭。我国已有疫苗可供预防。

7. 鸡传染性支气管炎

鸡传染性支气管炎是病毒引起的急性、高度接触性的呼吸道传染病。各种年龄鸡都可以发生，不仅引起呼吸道症状，而且对生殖道也造成严重损害。

【病原】

鸡传染性支气管炎病毒是冠状病毒属的成员，主要存在于病鸡的呼吸道渗出液中，肝、脾、肾和血液中也能发现病毒。各地分离的病毒血清型复杂，经常有新的血清型出现，不同血清型之间仅有部分交叉保护作用，甚至不能交叉保护。而血清型与临床表现也无明显的相关性，血清型相同的毒株可能有不同的临床表现。病毒对外界抵抗力不强。耐寒不耐热，一般消毒药可杀死病毒。

【临床症状及剖检病变】

鸡传染性支气管炎症状比较复杂，可分成几个临床表现型。呼吸道型病鸡精神沉郁，羽毛蓬松，咳嗽，打喷嚏，喘气，气管有啰音，幼鸡流鼻液，有时眼湿润，鼻肿胀，生长速度减慢，气管和鼻道上有卡他性或干酪样渗出物，黏膜水肿，气囊变厚、混浊。

肾型病鸡开始多表现呼吸道症状，在恢复期时病情加重。粪便稀薄，饮水增加，肾脏肿大苍白，肾小管和输尿管充满尿酸盐而呈斑驳状，死亡率较高。生殖道型病鸡如在1日龄时感染可发生输卵管持久性损伤而导致性成熟后产蛋量永久性降低，随着鸡患病的日龄增加这种损伤逐渐减轻。成年鸡感染后常并发尿石症，有的毒株可引起产蛋量下降50%，有的则仅引起蛋壳颜色改变或产量略有下降，种蛋的孵化率降低，出现软、沙壳蛋或硬皮蛋，蛋清稀薄如水，见不到正常鸡蛋中浓、薄蛋清之间清楚的分界线。

近年来又发生一种新的临床类型，多发生于20～100日龄鸡群，病鸡出现流泪、眼肿，伴有呼吸道症状，极度消瘦，拉稀，发病率高，死亡率在30%左右，个别鸡场达95%。剖检腺胃显著肿大如球状，而肌胃缩小，腺胃壁增厚，黏膜肿胀，乳头水肿、充血、出血或凹陷，周边出血、坏死或溃疡，胰腺肿大、出血，有人将其称为腺胃型传染性支气管炎。

典型症状见图10-5。

图10-5　鸡传染性支气管炎典型症状

【防制】

发病时可在饮水中添加电解质，以补充急性期钠和钾的损耗。病毒的血清型复杂，选用一种疫苗难以解决全部免疫问题，应根据不同情况选用疫苗。马萨诸塞株（M株）流行面较广，可选用H120和H52弱毒疫苗免疫，肉鸡1日龄接种H120苗，滴鼻或饮水，4周后用H52苗加强免疫。种鸡在10日龄时用H120苗免疫，1月后再用H52苗免疫一次。为预防其他血清型的感染，最好用当地流行的毒株制造油佐剂灭活苗或加上其他地区的毒株制造多价苗进行加强免疫。

8. 鸡传染性喉气管炎

鸡传染性喉气管炎是病毒引起的急性呼吸道传染病，可感染各种年龄的鸡，但以成年鸡的症状最明显。

【病原】

传染性喉气管炎病毒为α-疱疹病毒亚科成员。病毒在鸡体上长期持续感染，因此不易根除。病原对脂溶剂、热和各种消毒剂抵抗力不强。

【临床症状及剖检病变】

典型的发病鸡表现高度呼吸困难，咳嗽，咳出的分泌物带血，喘气，头肿。发病的2～3天开始死亡，死亡率因毒株毒力不同而差别较大，从5%～70%不等，平均为10%～20%。产蛋鸡产蛋率下降10%～60%，4周后才逐渐恢复正常。病变主要见于喉和气管，气管黏膜充血、出血、肿胀和糜烂，有黄白色纤维素性干酪样假膜。

典型症状见图10-6。

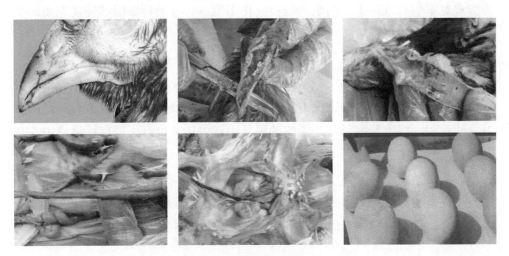

图10-6　鸡传染性喉气管炎典型症状

【防制】

易感鸡接种弱毒疫苗可获满意的保护效果，以细胞免疫为主，抗体水平的高低不是衡量免疫状态的指标。由于弱毒疫苗还有一定的毒力，且接种鸡长期带毒，所以只有在本病的流行地区才使用。常用的免疫途径是点眼，有少部分鸡眼睛可能出现炎症反应。也可饮水免疫，但效果稍差，应加大剂量。

9.禽脑脊髓炎

禽脑脊髓炎是侵害家禽中枢神经系统的病毒性传染病，主要危害1～3周龄雏鸡，产蛋鸡可表现产蛋率一时性急剧下降。

【病原】

禽脑脊随炎病毒是小核糖核酸病毒科肠道病毒属的成员，传染性很强，各种年龄鸡都可感染，但仅3周龄内的雏鸡症状明显，成年鸡一般呈隐性经过。肉鸡发病较多。

【临床症状及剖检病变】

感染病毒的母鸡通过卵垂直传染给雏鸡，出壳后即有一定数量的弱雏，潜伏期仅1～3天即出现症状。病雏也可水平传染给健康雏鸡，潜伏期约为9～14天。典型症状是共济失调，头部震颤，脚趾卷曲，翅膀着地呈犬座姿势，严重者侧卧瘫痪在地。随着雏鸡日龄的增长，抵抗力逐渐增强，4～5周龄的鸡症状不明显。成年母鸡感染后产蛋量急剧下降，同时获行免疫力，再产的种蛋孵出的雏鸡对本病有抵抗力。肉眼的剖检变化不明显，有的病雏脑部轻度充血，少数在肌胃肌肉层中有散在的灰白区。

【防制】

根据流行病学特点，预防本病应做好种母鸡的免疫接种，通过母源抗体使雏鸡在易感期内有足够的抵抗力。目前主要使用活疫苗，但活疫苗有一定的毒力，幼鸡和即将上笼或正在产蛋的种鸡禁用或慎用。也有灭活苗可供使用，具有安全不散毒的优点。

10.鸡痘

鸡痘是病毒引起的急性、热性、高度接触性传染病。发病率的高低取决于毒株毒力的强弱、饲养管理的好坏及防治措施是否有力。

【病原】

鸡痘病毒为痘病毒科禽痘病毒属的成员。病毒对环境抵抗力较强，通常存在于病禽的皮屑、粪便和喷嚏咳嗽的飞沫中，野鸟作为传染源的作用不容忽视，吸血昆虫如蚊子、双翅目的鸡皮刺螨作为传播媒介有重要意义。蚊子（主要是库蚊和伊蚊）体内可保持其感染力达数周，常造成夏季较大范围的疫病流行。不分日龄、性别、品种的鸡均可感染。鸡群拥挤、通风不良、阴暗潮湿、体表寄生虫存在、维生素缺乏等可使病情加重，如有并发症可造成大批死亡。

【临床症状及剖检病变】

临床表现有几种类型。

皮肤型鸡痘主要在鸡冠、肉髯、眼睑、腿部、肛门和身体其他无毛处皮肤出现结节样（痘样）病变，病程一般3~4周，无并发症及饲养管理好的鸡群较易康复。

白喉型（黏膜型）鸡痘主要在鸡的口腔、咽喉、食道或气管黏膜上出现溃疡，上有大片沉着物（浮膜），随后变厚形成棕色痂块，凹凸不平，将浮膜剥掉，呈现出血性糜烂区。鼻腔感染出现鼻炎样呼吸道症状。炎性过程可能延伸到眶下窦导致窦肿大，浮膜有时伸入喉部，引起呼吸困难，甚至窒息死亡。单纯白喉型鸡痘，皮肤上没有明显的痘样结节，呼吸道症状易与其他传染病混淆，常造成较大损失，有时死亡率可达50%。

混合型鸡痘兼有皮肤型和白喉型的表现。

典型症状见图10-7。

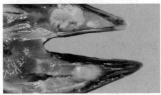

图10-7　鸡痘典型症状

【防治】

预防鸡痘要做好卫生防疫和饲养管理工作，接种疫苗是最主要的措施。用鸡痘弱毒疫苗3周龄刺种（在本病早发地区1周龄可刺种）4～6天后抽查约10%的接种鸡在刺种部位是否有痘肿，如抽检鸡80%以上有反应则认为免疫是成功的，如反应率低则应重新免疫接种。4月龄时再加强免疫一次。

二、细菌病

1.禽沙门氏菌病

禽沙门氏菌病是由沙门氏菌属种的一种沙门氏菌所引起的禽类的急性或慢性疾病的总称。禽沙门氏菌病在世界各地普遍存在，对养禽业的危害性很大。

● 鸡白痢

【病原】

鸡白痢是由鸡白痢沙门氏菌引起的传染性疾病，世界各地均有发生，是危害养鸡业较严重的疾病。

【流行特点】

本病可经蛋垂直传播，也可通过接触传染，消化道感染是本病的主要传染方式。本病主要危害雏鸡、近年来青年鸡发病亦呈上升趋势。

【临床特征】

（1）胚胎：造成死胚多，出雏率低，出壳幼雏衰弱，腹部膨大，食欲丧失，绝大部分1～2天死亡。

（2）雏鸡：孵出的鸡苗弱雏较多，脐部发炎，2～3日龄开始发病、死亡，7～10日龄达死亡高峰，2周后死亡渐少。病雏表现精神不振、怕冷、寒战。羽毛逆立，食欲废绝。排白色粘稠粪便，肛门周围羽毛有石灰样粪便粘污，甚至堵塞肛门。有的不见下痢症状，因肺炎病变而出现呼吸困难，气管，伸颈张口呼吸。患病鸡群死亡率为10%～25%，耐过鸡生长缓慢，消瘦，腹部膨大。病雏有时表现关节炎、关节肿胀、跛行或原地不动。

（3）育成鸡：主要发生于40～80日龄的鸡，病鸡多为病雏未彻底治愈，转为慢性，或育雏期感染所致。鸡群中不断出现精神不振、食欲差的鸡和下痢的鸡，病鸡常突然死亡，死亡持续不断，可延续20～30天。

（4）成年鸡：成年鸡不表现急性感染的特征，常为无症状感染。病菌污染较重的鸡群，产蛋率、受精率和孵化率均处于低水平。鸡的死淘率明显高于正常鸡群。

【病变特征】

（1）胚胎：正常黄色肝（这是因为雏鸡的肝功能还不健全，一般14日龄后肝脏颜色逐渐转为正常）上有条纹状出血。胆囊扩张，充满胆汁，卵黄吸收不良，剖检与大肠杆菌造成的胚胎与幼雏死亡病变相似。

（2）雏鸡：病死鸡脱水，眼睛下陷，脚趾干枯肝肿大、充血，较大雏鸡的肝脏可见许多黄白色小坏死点。卵黄吸收不良，呈黄绿色液化，或未吸收的卵黄干枯呈棕黄色奶酪样。有灰褐色肝样变肺炎，肺内有黄白色大小不等到的坏死灶（白痢结节）。盲肠膨大，肠内有奶酪样凝结物。病程较长时，在心肌、肌胃、肠管等到部位可见隆起的白色白痢结节。

（3）育成鸡：肝脏显著肿大，质脆易碎，被膜下散在或密布出血点或灰白色坏死灶.心脏可见肿瘤样黄白色白痢结节，严重时可见心脏变形.白痢结节也可见于肌胃和肠管、脾脏肿大，质脆易碎。

（4）成年鸡：无症状感染鸡剖检时入肉眼可见病变，病鸡一般表现卵巢炎，可见卵泡萎缩、变形、变色，呈三角形、梨形、不规则形，呈黄绿色、灰色、黄灰色、灰黑色等异常色彩，有的卵泡内容物呈水样、油状或干酪样。由于卵巢的变化与输卵管炎的影响，常形成卵黄性腹膜炎，输卵管阻塞，输卵管膨大。内有凝卵样物。病公鸡睾丸发炎，睾丸萎缩变硬、变小。

【诊断】

（1）根据流行特点、临床症状、剖检病变可做出初步判断，确诊要用细菌学检验（图10-8）。

（2）实验室诊断：取肝脏坏死灶与白痢结节进行病理组织学检查：局部组织坏死崩解、淋巴细胞、浆细胞、异嗜细胞、成纤维细胞浸润增生。将病、死鸡的心、肝、脾、肺、卵巢等器定局定局官采集的病料，接种于普通琼脂培养基进行细菌学诊断。24小时后，可长出边缘整齐、表面光滑、湿润闪光、灰白色半透明、直径为1厘米的小菌落。取待检鸡血与诊断抗原进行平板凝集试验。

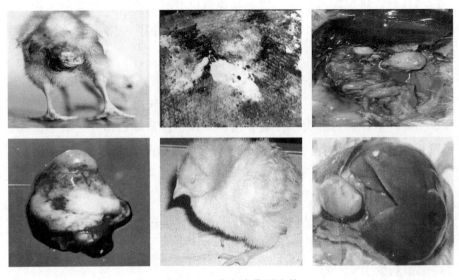

图10-8　鸡白痢典型症状

【防制】

（1）消灭带菌鸡是控制本病的有效方法。用血清学方法检出阳性种鸡并淘汰。

（2）加强雏鸡饲养管理：育雏舍内温度要恒定，即第一周33～35℃，以后每周下降1～2℃，6周以后维持在24～25℃。保持鸡舍清洁卫生和干燥，防止粪便污染饲料和饮水。鸡开饮水加抗生素，连用4～5天，冬春季开饮水中要加入1%～2%的红糖水，以增加热量。

（3）常用抗生素甲砜霉素、氟哌酸、恩诺沙星、环丙沙星、氧氟沙星、氟苯尼考等。中药可选用用柏杨泻痢康、三白散有很好的防治效果。

（4）微生态制剂防治：可长期在饲料中添加益生素或益生酸等微生态制

剂，控制有害菌的繁殖。但是要注意益生素不能与抗生素类药物同时使用。

做好孵化场和孵化箱以及种蛋的消毒。

● **禽伤寒**

【病原】

禽伤寒是由鸡伤寒沙门氏菌引起的传染性疾病，病禽主要表现为发热、贫血、有的病鸡下痢为特征，与鸡白痢特征类似。

【流行特点】

1~5月龄青年鸡表现敏感，雏鸡与成鸡也时有发生。被污染的种蛋、病禽排出的粪便，通过饲料、饮水和用具，经消化道感染。饲养员、苍蝇等也可传播。

【临床症状】

潜伏期一般为4~5天。本病常发生于中鸡、成年鸡和火鸡。在年龄较大的鸡和成年鸡，急性经过者突然停食、精神委顿、排黄绿色稀粪、羽毛松乱、冠和肉髯苍白而皱缩。体温上升1~3℃，病鸡可迅速死亡，但通常在5~10天死亡。病死率在雏鸡与成年鸡都有差异，一般为10%~50%或更高些。雏鸡发病时，其症状与鸡白痢相似。

雏禽肺部受侵害时，呈现喘气和呼吸困难，排白色稀粪，精神委顿，食欲消失。死亡率为10%~50%。

【剖检病变】

（1）急性病例会迅速死亡，通常不见明显变化。病程稍长的，可见肝、脾显著肿大，充血，表面有灰白色小米粒状坏死点，胆囊肿大充满胆汁。

（2）亚急性和慢性病例，肝肿大呈淡绿棕色或古铜绿色。卵巢、卵泡有时充血、出血、变形、变色。母禽也常因卵泡、卵黄囊破裂引起腹膜炎，并有轻重程度不同的肠炎。雏鸡患病与鸡白痢相似，肺与心肌中可见灰白色结节状小病灶。

典型症状见图10-9。

【诊断】

根据临床症状和病理变化可做出初步诊断，确诊需进一步做实验室诊断。

【防制】

发现病禽及时隔离饲养，尽快淘汰，对禽舍、用具等彻底消毒。鸡群要定期进行血清学监测，发现带菌者及时淘汰。由于人、动物、苍蝇等能机械地传播本病，所以要及时彻底地消毒，消灭昆虫和老鼠。加强种蛋和孵化、育雏用具的清洁消毒。

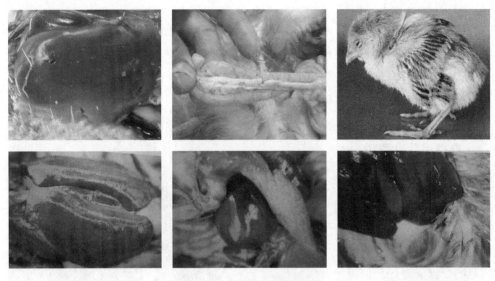

图10-9　禽伤寒典型症状

● 禽副伤寒

【病原】

沙门菌属的细菌，其种类甚多，已分离有150多肿，常见的有鼠伤寒沙门菌、鸭沙门菌等十几种。

【流行特点】

可感染多种幼龄禽类，见于鸡、火鸡、鸽、鸭、鹅等。主要是雏鸡，死亡率达20%，青年鸡和成年鸡为慢性经过或隐性感染。带菌鸡和病鸡是主要传染源。被污染的蛋、料、水、用具、孵化器、育雏器、环境、鼠类和昆虫等都是重要的传播媒介。传染途径主要经蛋垂直传播，也可经呼吸道和消化道水平传播。

【临床症状】

蛋内带菌或孵化器内感染的雏鸡，在出壳后不久就死亡。2周龄内雏鸡多见发病，其表现为厌食，饮水增加，垂头闭眼，两眼下垂，怕冷挤堆，离群，嗜睡呆立，抽搐；有的眼盲和结膜炎，排淡黄绿色水样稀粪，肛门周围有稀粪黏污。有的关节肿胀，呼吸困难，常于1～2天死亡。

成年禽感染后少见发病，成为带菌者。个别鸡有轻微症状，少食，下痢，脱水，倦怠等，生产性能降低。可康复痊愈。

【剖检病变】

雏禽病程稍长者，可见消瘦，脱水，脐炎，卵黄凝固；遥、脾充血，出血性条纹或点状坏死灶。肾充血，心包炎并粘连。

成年禽消瘦，有出血性或坏死性肠炎，肝、脾、肾充血肿大；心脏有坏死结节；卵子偶有变形，卵巢有化脓性和坏死性病变，常发展为腹膜炎。小肠有卡他性或出血性炎症，盲肠扩大有时见淡黄色干酪样物质堵塞。

典型症状见图10-10。

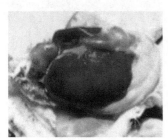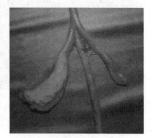

图10-10　禽副伤寒典型症状

【诊断】

根据流行特点、临床症状和剖检病变做出初步诊断，确诊须做实验室检验。

【防制】

与鸡白痢、禽伤寒相同。

2.禽大肠杆菌病

【病原】

鸡大肠杆菌病是由埃希氏大肠杆菌引起的一种常见病，其特征是引起心包炎、肝周炎、气囊炎、腹膜炎、输卵管炎、滑膜炎、大肠杆菌性肉芽肿和脐炎等病变。

【病原】

埃原氏大肠杆菌。大肠杆菌是健康畜禽肠道中的常在菌，可分为致病性和非致病性两大类。

【流行特点】

各种年龄的鸡（包括肉用仔鸡）都可感染大肠杆菌病，发病率和死亡率受各种因素影响有所不同。本病感染途径有经蛋传染、呼吸道传染、消化道传染和经口传染。

【临床症状与剖检病变】

（1）大肠杆菌败血症6～10周龄的肉鸡多发，尤其在冬季发病率高，死淘率通常在5%～20%，严重的可达50%。雏鸡在夏季也较多发，病鸡精神不振，采食减少，衰弱和死亡。病鸡腹部膨满，排出黄绿色的稀便。特征性的病变是纤维素性心包炎，气囊混浊肥厚，有干酪样渗出物。肝包膜呈白色混浊，有纤维素性附着物，有时可见白色坏死斑。脾充血肿胀。

（2）死胚、初生雏卵黄囊感染和脐带炎：种蛋内的大肠杆菌来自种鸡卵巢和输卵管及蛋壳被粪便的污染。侵入种蛋内的大肠杆菌在孵化过程中进行增殖，致使孵化率降低，胚胎在孵化后期死亡，死胚增多。孵出的雏鸡体弱，卵黄吸收不良，脐带炎，排出白色、黄绿色或泥土样的稀便。腹部膨满，出生后2～3天死亡，一般6日龄过后死亡率降低下来。即使不死的鸡，也是发育迟滞。死胚和死亡雏鸡的卵黄膜变薄，呈黄泥水样或混有干酪样颗粒状物、脐部肿胀发炎。4日龄以后感染常见心包炎，其中急性死亡的病雏几乎见不到病变。

（3）卵黄性腹膜炎及输卵管炎：腹膜炎可由气囊炎发展而来，也可由慢性输卵管炎引起。发生输卵管炎时，输卵管变薄，管内充满恶臭干酪样物，阻塞输卵管使排出的卵落到腹腔而引起腹膜炎。

（4）出血性肠炎：埃希氏大肠杆菌正常只寄生在鸡的下部肠道中，但当发生饲养和管理失调，卫生条件不良，各种应激因素存在，使鸡的抵抗力降低，大肠杆菌就会在上部肠道寄生，从而引起肠炎。病鸡羽毛粗乱，翅膀下垂，精神委顿，腹泻。雏鸡由于腹泻糊肛，容易与鸡白痢混淆。剖检病变，主要表现在肠道的上1/3至1/2肠黏膜充血、增厚、严重者血管破裂出血，形成出血性肠炎。

（5）其他器官受侵害的病变：大肠杆菌引起滑膜炎和关节炎，病鸡跛行或呈伏卧姿势，一个或多个腱鞘、关节发生肿大。发生大肠杆菌肉芽肿时，沿肠道和肝脏发生结节性肉芽肿，病变似结核。此外，大肠杆菌还可引起全眼球炎、脑炎等。

（6）慢性呼吸道综合征：鸡先感染支原体，造成呼吸道黏膜被损害，后继发大肠杆菌的感染。病的早期，上呼吸道炎症，鼻、气管黏膜有湿性分泌物，发生啰音、咳音，发展严重时，发生气囊炎、心包炎，有纤维素渗出，肝脏也被纤维素物质包围，肺部有肺炎，呈深黑色，硬化。

（7）皮下感染头部肿胀：由于表皮损伤侵入，感染扩散到关节和骨部，引起这些部位的炎症。有一些病毒感染后，继发大肠杆菌急性感染，造成头部肿胀，即肿头综合征，双眼和整个头部肿胀，皮下有黄色液体及纤维素渗出，可从局部分离出大肠杆菌。

典型症状见图10-11。

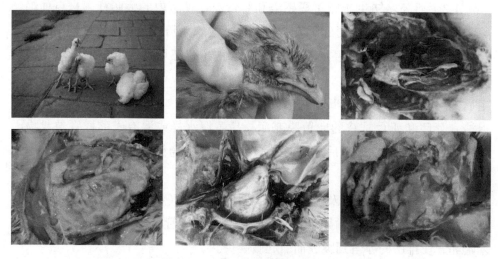

图10-11　禽大肠杆菌病典型症状

【诊断】

根据流行特点、临床症状和病理变化可作出初步诊断，要确诊此病须作细菌分离、致病性试验及血清鉴定。继发性大肠杆菌病的诊断，必须在原发病的基础上分离出大肠杆菌。

【防制】

搞好环境卫生消毒工作，严格控制饲料、饮水的卫生和消毒，做好各种疫病的免疫。严格控制饲养密度过大，做好舍内通风换气，定期进行带鸡消毒工作。避免种蛋粘染粪便，凡是被粪便污染的种蛋一律不能作种蛋孵化，对种蛋和孵化过程严格消毒。此外，定期对鸡群投喂乳酸菌等生物制剂对预防大肠杆菌有很好作用。用本场分离的致病性大肠杆菌制成油乳剂灭活苗免疫本场鸡群对预防大肠杆菌病有一定作用。需进行两次免疫，第一次为4周龄，第二次为18周龄。也可用于雏鸡的免疫。

常用的抗生素有多种抗菌素、磺胺类和呋喃类药物等。

中药治疗可选用加味三黄汤、白头翁散、四黄止痢，速效止泻散等中药进行治疗。

3.禽支原体病

禽支原体病（avian mycoplasmosis，AM）是由禽支原体引起的家禽的一种传染病，主要包括鸡败血支原体病（MG）、鸡传染性滑液膜炎（MS）和火鸡支原体病（MM）3种。

【病原】

支原体是介于细菌和病毒之间，能营独立生活的一群微生物，属于软膜体纲（Mollicutes）支原体目（Mycoplasmatales）支原体科（Mycoplasmataceac）支原体属（Mycoplasm）成员。

【流行特点】

鸡、火鸡、鸭、鹅等均可感染发病，纯种鸡更易感，水禽有耐受性。各种日龄均易感，雏鸡更易感，症状严重。

【临床症状与剖检病变】

病初见鼻液增多，流出浆性和黏性鼻液，初为透明水样，后变黄较浓稠，常见一侧或两侧鼻孔堵塞，病鸡呼吸困难，频频摇头，打喷嚏。鸡冠、肉髯发紫，呼吸啰音，夜间更明显。初期精神和食欲尚可，后期食欲减少或不食，幼鸡生长受阻。患鸡头部苍白，跗关节或爪垫肿胀。急性病鸡粪便常呈绿色。有的病鸡流泪，眼睑肿胀，因眶下窦积有干酪样渗出物导致上下眼睑粘合，眼球突出呈"凸眼金鱼"样，重者可导致一侧或两侧眼球萎缩或失明。

成鸡的症状与幼鸡基本相似，但较缓和。病鸡食欲不振，不活泼，多呆立一隅，有气管罗音，流鼻液和咳嗽。公鸡症状较母鸡明显，但母鸡产蛋量、蛋孵化率和孵出雏鸡的成活率均降低。

鼻腔、气管、气囊、窦及肺等呼吸系统的黏膜水肿、充血、增厚和腔内贮积粘液，或干酪样渗出液。肺充血、水肿，有不同程度的肺炎变化；胸部和腹部气囊膜增厚、混浊，囊腔或囊膜上有淡黄白色干酪样渗出物或增生的结节性病灶，外观呈念珠状，大小由芝麻至黄豆大不等，少数可达鸡蛋大，且以胸、腹气囊为多。严重的慢性病鸡，眼下窦粘膜发炎，窦腔中积有混浊的黏液或脓性干酪样渗出物。眼结膜充血，眼睑水肿或上下眼睑互相粘连，一侧或两侧眼内有脓样或干酪样渗出物，有的病鸡可发生纤维蛋白性或化脓性心包炎、肝被膜炎。产蛋鸡，还可见到输卵管炎。

发生支原体性关节炎时，关节肿大，呈关节滑膜炎，患部切开后流出混浊的液体，有时含有干酪样物。

患部黏膜组织由于单核细胞浸润和黏液腺增生而呈现明显增厚，而在患部黏膜下层组织，则常发现淋巴组织增生的局灶区。支气管周围形成淋巴组织增生的小结节，并间有肉芽肿样病变。当胚胎受感染时，可于孵化期间任何时候死亡，但多数死于"啄壳"时期，死胎生长迟滞，关节化脓肿大，全身水肿，肝、脾肿大，肝坏死，心包炎和呼吸道有豆腐样物质。

典型症状图10-12。

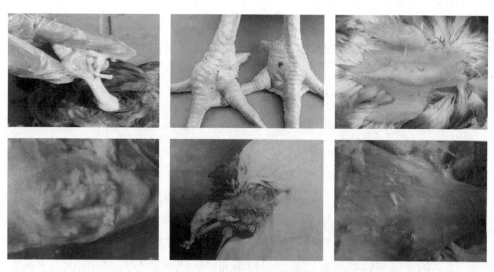

图10-12　禽支原体病典型症状

【防制】

支原体对外界环境的抵抗力不强，离开鸡体后很快失去活力，兽医实际中，常用的消毒药可迅速杀死。

常用的抗生素有土霉素、四环素、金霉素、氯霉素、红霉素、卡那霉素及泰乐菌素等。

中药治疗可选用百咳宁、克喘星散等中药进行治疗。

4. 鸡传染性鼻炎

本病是由副鸡嗜血杆菌所引起鸡的急性呼吸系统疾病。主要症状为鼻腔与窦发炎，流鼻涕，脸部肿胀和打喷嚏。

【病原】

鸡嗜血杆菌呈多形性，本菌为兼性厌氧，抵抗力很弱，培养基上的细菌在4℃时能存活两周，在自然环境中数小时即死。对热及消毒药也很敏感，在45℃存活不过6min，在真空冻干条件下可以保存10年。

【流行特点】

本病发生于各种年龄的鸡，老龄鸡感染较为严重。7天的雏鸡，以鼻腔内人工接种病菌常可发生本病，而3~4天的雏鸡则稍有抵抗力。4周龄至3年的鸡易感，但有个体的差异性。

本病的发生与一些能使机体抵抗力下降的诱因密切有关。如鸡群拥挤，不同年龄的鸡混群饲养，通风不良，鸡舍内闷热，氨气浓度大，或鸡舍寒冷潮湿，缺乏维生素A，受寄生虫侵袭等都能促使鸡群严重发病。鸡群接种禽痘疫苗引起的全身反应，也常常是传染性鼻炎的诱因。本病多发于冬秋两季，这可能与气候和饲养管理条件有关。

【临床症状与剖检病变】

病的损害在鼻腔和鼻窦发生炎症者常仅表现鼻腔流稀薄清液，常不令人注意。一般常见症状为鼻孔先流出清液以后转为浆液黏性分泌物，有时打喷嚏。脸肿胀或显示水肿，眼结膜炎、眼睑肿胀。食欲及饮水减少，或有下痢，体重减轻。病鸡精神沉郁，脸部浮肿，缩头，呆立。仔鸡生长不良，成年母鸡产卵减少；公鸡肉髯常见肿大。如炎症蔓延至下呼吸道，则呼吸困难，病鸡常摇头欲将呼吸道内的黏液排出，并有啰音。咽喉亦可积有分泌物的凝块。最后常窒息而死。

主要病变为鼻腔和窦黏膜呈急性卡他性炎，黏膜充血肿胀，表面覆有大量粘液，窦内有渗出物凝块，后成为干酪样坏死物。常见卡他性结膜炎，结膜充血肿胀。脸部及肉髯皮下水肿。严重时可见气管黏膜炎症，偶有肺炎及气囊炎。

典型症状见图10-13。

图10-13 鸡传染性鼻炎典型症状

【防制】

鉴于本病发生常由于外界不良因素而诱发，因此平时养鸡场在饲养管理方面应注意以下几个方面。

（1）鸡舍内氨气含量过大是发生本病的重要因素。特别是高代次的种鸡群，鸡群数量少，密度小，寒冷季节舍内温度低，为了保温门窗关得太严，造成通风不良。为此应安装供暖设备和自动控制通风装置，可明显降低鸡舍内氨气的浓度。

（2）寒冷季节气候干燥，舍内空气污浊，尘土飞扬。应通过带鸡消毒降落空气中的粉尘，净化空气，对防制本病起到了积极作用。

（3）饲料、饮水是造成本病传播的重要途径。加强饮水用具的清洗消毒和饮用水的消毒是防病的经常性措施。

（4）人员流动是病原重要的机械携带者和传播者，鸡场工作人员应严格执行更衣、洗澡、换鞋等防疫制度。因工作需要而必须多个人员入舍时，当工作结束后立即进行带鸡消毒。

（5）鸡舍尤其是病鸡舍是个大污染场所，因此必须十分注意鸡舍的清洗和消毒。对周转后的空闲鸡舍应严格按照一清：即彻底清除鸡舍内粪便和其他污物；二冲：清扫后的鸡舍用高压自来水彻底冲洗；三烧：冲洗后晾干的鸡舍用火焰消毒器喷烧鸡舍地面、底网、隔网、墙壁及残留杂物；四喷：火焰消毒后再用2%火碱溶液或0.3%过氧乙酸，或2%次氯酸钠喷洒消毒；五熏蒸：完成上述四项工作后，用福尔马林按每立方米42毫升，对鸡舍进行熏蒸消毒，鸡舍密闭24~48小时，然后闲置2周。进鸡前采用同样方法再熏蒸一次。经检验合格后才可进入新鸡群。

常用的抗生素有磺胺类药物等抗生素：

中药治疗可选用百咳宁、克喘星散、（白芷、防风、益母草、乌梅、猪苓、诃子、泽泻）组方等中药进行治疗。

目前，我国已研制出鸡传染性鼻炎油佐剂灭活苗，经实验和现场应用对本病流行严重地区的鸡群有较好的保护作用。根据本地区情况可自行选用。

5. 坏死性肠炎

坏死性肠炎又称肠毒血症，是由魏氏梭菌引起的急性传染病，病鸡排黑色或者混有血液的粪便，精神不振。

【病原】

坏死性肠炎是C型魏氏梭菌引起。

【流行特点】

自然条件下仅见鸡发生本病，肉鸡、蛋鸡均可发生，尤以平养鸡多发，育雏和育成鸡多发。肉用鸡发病多见2～8周龄。一年四季均可发生，但在炎热潮湿的夏季多发。

【临床症状与剖检病变】

有时排黄白色稀粪，有时排黄褐色糊状臭粪，有时排红色乃至黑褐色煤焦油样粪便，有的粪便混有血液和肠结膜组织，食欲严重减退，减食可达50%以上。剖检变化急性暴发时，病死鸡呈严重脱水状态，刚病死鸡打开腹腔即可闻到尸腐臭味。主要病变集中在肠道，尤以中、后段较为明显。病死鸡以小肠后段秸膜坏死为特征。小肠显著肿大至正常的2～3倍，肠管变短，肠道表面呈污灰黑色，肠壁变薄，肠腔内充盈着灰白色或黄白色服样渗出物，和膜呈严重纤维素性坏死。

本病与小肠球虫合并感染时，除可见到上述病变外，在小肠浆膜表面还可见到大量针尖状大小的出血点和灰白色小点，肠内充满黑红色服样渗出物，粘膜呈现更为严重的坏死。

典型症状见图10-14。

【防制】

常用的抗生素有青霉素、泰乐菌素、利高霉素、卡那霉素、庆大霉素等。

中药治疗可选用白头翁散、速效止泻散等中药进行治疗。

 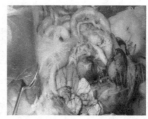 

图10-14　坏死性肠炎典型症状

6. 禽霍乱

禽霍乱是一种侵害家禽和野禽的接触性疾病，又名禽巴氏杆菌病、禽出血性败血症。该病自然潜伏期一般2～9天，常呈现败血性症状，发病率和死亡率很高，但也常出现慢性或良性经过。

【病原】

禽霍乱是多杀性巴氏杆菌引起。

【流行特点】

本病对各种家禽，如鸡、鸭、鹅、火鸡等都有易感性，禽霍乱造成鸡的死亡损失通常发生于产蛋鸡群，因这种年龄的鸡较幼龄鸡更为易感。16周龄以下的鸡一般具有较强的抵抗力。

【临床症状与剖检病变】

病程短的鸡只无明显症状突然死亡，病程短者几分钟，长者不过数小时。有的鸡只仅表现不安后，在鸡舍内拍翅抽搐几次后死亡。

病程稍长的鸡只表现精神萎顿，离群独处，缩颈闭眼，不喜欢活动，常闭眼打瞌睡，精神沉郁，有的病鸡把头埋于翅膀里。羽毛松乱，双翅下垂，不吃食而饮水量增加，鸡冠和肉髯青紫色。有的表现为伸颈张口呼吸，冠部呈暗黑色。常腹泻，排出灰白色或带绿色水样稀粪，污染肛门周围。病鸡常发出刺耳的尖叫声，体温达43～44℃，腹胀，最后昏迷、痉挛而死亡。病程短的约半天，长的1～3天。慢性患病鸡表现为呼吸道炎症和胃肠炎，可见鼻窦肿大、食欲不振，经常腹泻，关节发炎或肿大、跛行。

病死鸡外观消瘦，肛门周围污秽。其中有的无明显病变，仅心包有少量积液，心外膜有小出血点。其它剖检多见腹膜有小出血点，心包积液，肝表面有针尖大小呈灰白色的坏死点和出血点，脾脏肿大，肺部充血出血。小肠胀气，且有不同程度的充血和出血，肠黏膜表面有粉红色的黏液，尤其以十二指肠较为严重。

典型症状见图10-15。

 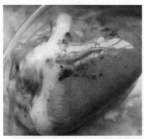 

图10-15 禽霍乱典型症状

【防制】

本病的根治主要以预防为主。3月龄以上鸡群用禽霍乱氢氧化铝菌苗或禽霍乱弱毒苗进行预防接种，7天后产生免疫力，免疫期可达6个月。

出现疫情后，立即将鸡场封锁，并用10%新鲜石灰乳或消毒剂稀释对鸡舍和周围环境以及用具进行消毒。将病鸡分开隔离，对未出现症状的鸡只紧急注射禽出败抗血清。

常用的抗生素有青霉素、链霉素、土霉素对本病也有良好的疗效。

中药治疗可选用"三黄汤"加减治疗、霍乱宁等中药组方治疗。

三、寄生虫病

1. 球虫病

【流行特点】

（1）一般暴发于3～6周龄的雏鸡，2周龄以内的雏鸡很少发病。

（2）自动化鸡场易发于转群后产蛋前的鸡群。

（3）主要通过粪便传播。

（4）高温高湿环境易发。

（5）易与魏氏梭菌混合感染。

【诊断要点】

（1）盲肠球虫：①血便、鸡冠发白。②盲肠显著肿大，内有凝固性血块。

（2）小肠球虫：①粪便黑褐色。②十二指肠外观有明显出血点，肠腔内有出血性内容物。③慢性病例肠内有干酪样物质。④肠黏膜脱落，形成假膜。

典型症状见图10-16。

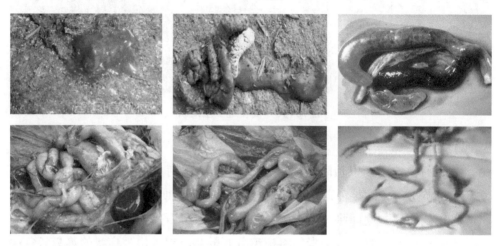

图10-16　球虫病典型症状

【防制】

预防用药（5～9月龄）：90日龄以内，磺胺喹噁啉钠/磺胺氯吡嗪钠/妥曲珠利/地克珠利；90日龄以上，青蒿类中药。

全自动化商品鸡场：30、80、110日龄分别喂药，连喂7天。

其他鸡场：15～20、35～40日龄分别喂药，连喂7天。

（3）治疗用药：90日龄以内，磺胺喹噁啉钠/磺胺氯吡嗪钠/妥曲珠利/地克珠利/马杜霉素+头孢/安普霉素+维生素K_3；90日龄以上鸡群，青蒿类中药+维生素K_3。

2. 鸡白冠病

【流行特点】

（1）多发于温度在20℃、湿度60%以上的气候（雨过天晴1～2天后）。

（2）各年龄段均易发，鸡年龄与感染率呈正相关，与发病率成负相关。

（3）雏鸡多发于3～6周龄，雄性鸡比雌性鸡多发。

（4）库蠓出入最多的鸡舍角落最易发生。

【临床症状】

（1）鸡冠苍白、贫血，有时可见鸡冠有白色小结节。

（2）常有采食量下降，有绿色稀便。

（3）产蛋率下降5%～20%。

（4）蛋壳变白变薄易碎。

（5）偶尔可见口流鲜血。

【剖检病变】

（1）胸部肌肉、皮下、腹腔脂肪散在针尖样凸出的出血结节。

（2）内脏偶尔可见血水，肾包膜有血块。

（3）各内脏器官有出血性坏死结节，如肝、脾、胰腺、十二指肠等。

（4）胸部皮肤可见出血性坏死结节。

（5）卵泡充血出血。

（6）有时可见气管或食道内有鲜血。

典型症状见图10-17。

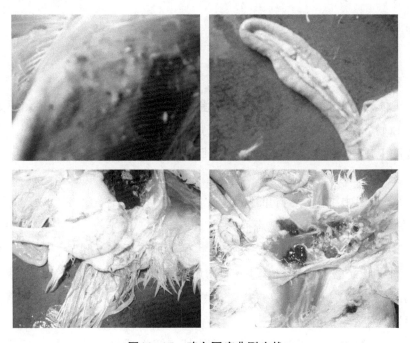

图10-17 鸡白冠病典型症状

【防制】

预防：

（1）环境卫生：除草、杀虫、消毒、及时除粪及清理污水等。

（2）药物保健（4—10月西南地区）：①中草药类拌料如青蒿、益福红、红顶驱虫散。②速服宁/舒服安等磺胺嘧啶混悬液（仅限90日龄内鸡群，用量按说明）。

（3）预防用药疗程5～7天以上，两次间隔最长不超过3周。

治疗：

（1）方案一：90日龄以内的鸡群，速服宁或舒服安（磺胺嘧啶混悬液）第一天按1毫升兑水2千克（1瓶兑400千克水），第二至第四天按1毫升兑水3～4千克（1瓶兑600～800千克水），连用4天。

（2）方案二：90日龄以上鸡群，中草药类拌料如青蒿、益福红、红顶驱虫散按说明书使用方法和剂量，连用5～7天。

（3）选择其上任一方案治疗后恢复期可用肝肾康1毫升对水2千克，饮水4天。

四、营养性疾病及其他病

1. 维生素A缺乏症

蛋鸡体内不能合成维生素A，如果蛋鸡的日粮中维生素A长期供给不足或消化吸收障碍，就会导致维生素A的缺乏症。它是一种慢性营养缺乏病，多以黏膜、皮肤上皮角化变质及生长停滞、干眼病、夜盲症、产蛋机能下降为特征。

【发病原因】

（1）日粮中维生素A含量不足，比如长期饲喂干谷、米糠、麸皮等不含维生素A原的饲料容易导致蛋鸡患病。

（2）加工保存不当饲料经过长期贮存、加工不当、曝晒、高温处理等，可使饲料中脂肪酸变质，维生素A类物质的氧化分解过程加速，使维生素A缺乏。另外，饲料中存在的磷酸盐，硝酸盐及亚硝酸盐等可干扰维生素A的代谢，促进维生素A的分解。

（3）日粮中蛋白质和脂肪不足鸡体处于蛋白质缺乏状态下，不能合成维生素A的运送载体，脂肪不足影响维生素A在肠道中的溶解和吸收。

（4）胃肠吸收障碍发生腹泻或其他疾病，使维生素A消耗或损失过多。

【临床症状与剖检病变】

（1）雏鸡和初产蛋鸡发病的较多。雏鸡一般在7～42日龄发病。主要表现是病雏消瘦，喙及小腿部皮肤黄色消退，流泪，眼睑内有干酪样物沉聚。将上下眼睑粘在一起，角膜混浊不透明，严重的角膜软化。口腔黏膜及食道内有白色的小结节。

（2）育成鸡在60～150日龄表现症状，呈慢性经过。冠白并有皱褶，爪和喙色比较淡。进入产蛋阶段表现产蛋下降，呼吸道和消化道黏膜抵抗力下降，诱发其他疾病，死亡率增加。

（3）病鸡的口腔，咽喉黏膜上有白色的小结节或覆盖一层白色的豆腐渣样的薄膜，剥离后黏膜完整并无出血溃疡现象。

典型症状见图10-18。

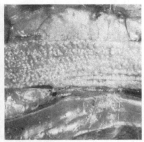

图10-18　维生素A缺乏症典型症状

【防制】

（1）依据鸡的日龄和产蛋不同阶段的营养特点，及时调整维生素，能量和蛋白质给量，保证其生理和生产需要。

（2）防止饲料放置时间过久。尤其是在大量不饱和脂肪酸存在的环境中，维生素A或胡萝卜素容易被氧化。

（3）发现缺乏症状时，应消除致病原因，立即对鸡群进行用维生素A治疗，剂量为日维持需要量的10～20倍。也可投服鱼肝油，成年鸡每天喂1～2毫升，雏鸡酌情减量。但是，由于维生素A从机体中排出较慢，应防止长期过量使用引起中毒。

2. 蛋鸡维生素B族缺乏症

【发病原因】

维生素B族包括10多种维生素，主要参与鸡体内物质代谢，是各种生物酶的重要组成成分。各种维生素B之间的作用相互协调的，一旦缺乏某一种会引起另一种机能发生障碍，发病时常呈综合症状。B族缺乏症的共同症状是消化机能障碍，消瘦，毛乱无光，少毛，脱毛，皮炎，拐脚，有神经症状。运动机能失调，蛋鸡产蛋率减少，雏鸡、肉鸡生长缓慢。因维生素B族在体内无贮存，主要依靠饲料中补给，如果补充不足可造成维生素B族缺乏症。

3. 维生素B$_1$缺乏症

【临床症状与剖检病变】

生长不良，食欲减少，体重减轻，羽毛松乱缺乏光彩，严重贫血或发生下痢，特征性的病状是颈部肌肉发生痉挛，发生所谓角弓反张的现象，头向背后极度弯曲，后仰呈观星状，有的发生进行性瘫痪，不能行动（图10-19）。

图10-19　维生素B$_1$缺乏症典型症状

【防制】

饲料配合要合理，发芽的谷物、鼓皮、新鲜青绿饲料及酵母等都含有很丰富的维生素B$_1$，多喂这一类饲料，可以防治维生素B$_1$缺乏症。

4. 维生素B$_2$缺乏症

【临床症状与剖检病变】

趾爪蜷缩，两脚发生瘫痪，病鸡用膝关节走路或用一支脚走路。最后就变成完全不能行走，还表现为生长缓慢、全身消瘦、贫血、消化障碍，严重下痢（图10-20）。

图10-20　维生素B$_2$缺乏症典型症状

【防制】

可在雏鸡饲料中加喂酵母、脱脂奶粉和新鲜青绿饲料。

5. 维生素B$_{12}$缺乏症

【临床症状与剖检病变】

幼雏发育迟缓、呈贫血症状，食欲不佳，以致死亡。种鸡维生素B$_{12}$缺乏，种蛋孵化率降低，孵化到后期即发生死亡。

【防治措施】

在饲料中补充鱼粉、肉屑和酵母等，也可每只火鸡直接注射维生素B$_{12}$制剂，剂量为每只0.002~0.004毫克。

6. 维生素D缺乏症

蛋鸡维生素D缺乏症是由维生素D缺乏引起的一种营养代谢病，由多方面原因引起，包括日粮中维生素D含量不足、光照不足、吸收功能障碍以及疾病因素等，会导致蛋鸡出现一系列的症状，严重影响了蛋鸡的健康及产蛋性能，导致蛋鸡产薄壳蛋、软壳蛋或者无壳蛋，影响了蛋鸡养殖的经济效益。

【发病原因】

（1）维生素D的主要作用是调节钙磷的代谢，因此，日粮中的维生素D的量要根据日粮中钙磷的量与比例来定，如果日粮中的维生素D不足就会导致该病发生，另外，如果饲料的加工或者贮存不当会导致维生素D损失过多，当钙磷的比例失调时，维生素D的消耗量增加，如果不足则会导致蛋鸡出现维生素D缺乏症。

（2）如果光照不足就会导致维生素D缺乏。目前蛋鸡养殖多采取笼养，长期舍饲的情况下就会导致蛋鸡光照不足，影响了维生素D的转化，从而导致蛋鸡缺乏维生素D。

【临床症状与剖检病变】

（1）当雏鸡发生维生素D缺乏症时主要表现在生长发育受阻，羽毛生长不良，并且蓬乱无光泽，骨骼发育不全，尤其是腿骨和肋骨较为明显，骨骼发生弯曲，易被折断，喙和爪柔软易弯曲，胸骨和盆骨发生弯曲变形。雏鸡双腿无力，步态不稳，行走困难，跛行，常呈蹲坐的姿势，有时站立不稳，身体左右摇晃。

（2）产蛋鸡维生素D缺乏时会产薄壳蛋、软壳蛋和无壳蛋，产蛋量下降，严重时发生停产。种蛋的孵化率降低，死胚较多。

（3）对病死鸡剖检可见病理变化是骨骼变软、变形，骨质疏松。在胸骨和椎骨结合部位，肋骨向内弯曲，肋骨与肋软骨连接处膨大如珠状，严重时肋骨多处形成珠状突出的软骨团块。

典型症状见图10-21。

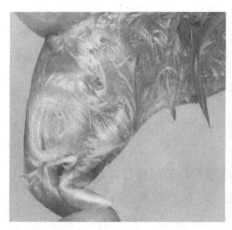

图10-21　维生素D缺乏症典型症状

【防制】

（1）对于该病主要以预防为主，首先要保证日粮中维生素D的含量，要根据鸡的生长发育阶段对维生素D的需要量来合理地添加，并且要根据生产的实际情况灵活的掌握维生素D的量。同时还要注意日粮中其他营养物质的含量和比例，日粮中钙磷的总量和比例要适宜。

（2）可在饲料中添加鱼肝油，按照每千克饲料添加10～20毫升的量使用，同时在饲料中适当的添加一些多维，连用15天左右，可促进鸡体对维生素D的吸收和利用；也可以注射维生素D_3注射液，按每千克体重1万IU的量肌注，效果较好。对于治疗无效的鸡要及时淘汰。

7. 笼养蛋鸡疲劳综合征

笼养蛋鸡疲劳综合征一般发生于夏季新开产母鸡和高产蛋鸡，主要表现疲劳、无力和瘫痪。发病时鸡群表现正常，采食、饮水、产蛋、精神都无明显异常变化，在晚上关灯时也无病鸡，而在早晨喂料时发现有死鸡，或有病鸡瘫在笼子里，若发现早，将病鸡放在舍外，部分病鸡可恢复。

【发病原因】

（1）饲料中钙的添加太晚，已经开产的鸡体的钙不能满足产蛋的需要，导致机体缺钙而发病。

（2）蛋鸡料用的太早。由于过高的钙影响甲状旁腺的机能，使其不能正常调节钙、磷代谢，导致鸡在开产后对钙的利用率降低，鸡群也会发病。而适时用过度料的鸡群发病少。

（3）钙、磷比例不当。由于蛋鸡对钙、磷是按照一定比例来吸收的，当钙、磷比例失当，也不能充分吸收，影响钙往骨骼的沉积。

（4）维生素D添加不足。产蛋鸡缺乏维生素D时，肠道对钙、磷的吸收减少，血液中钙、磷浓度下降，钙、磷不能在骨骼中沉积，使成骨作用发生障碍，造成钙盐再溶解而发生鸡瘫痪。饲料中缺乏维生素D，就是有充足的钙，鸡也不能充分吸收。

（5）光照不足和应激反应。由于缺乏光照，使鸡体内的维生素D含量减少，从而发生体内钙、磷代谢障碍；另外，高温、严寒、疾病、噪声、不合理的用药、光照和饲料突然改变等应激均能造成生理机能障碍，也常引起鸡群发病。炎热季节，蛋鸡采食量减少而饲料中钙水平未相应增加，也会导致发病。

【临床症状与剖检病变】

（1）病鸡表现颈、翅、腿软弱无力，任人摆布，站立困难。病初产软壳蛋、薄壳蛋，鸡蛋的破损率增加，蛋清水样。食欲、精神、羽毛均无明显异常。鸡易骨折，胸骨软、变形。死鸡的口内常有黏液，常伴有脱水、体重下降。

（2）肺脏充血、水肿。心肌松弛。腺胃黏膜糜烂、柔软、变薄，腺胃乳头平坦，几乎消失，腺胃乳头内可挤出红褐色液体，有时腺胃壁（多在腺胃与肌胃交界处）出现穿孔。卵泡有出血斑。输卵管黏膜干燥，常在子宫部有一硬壳蛋。肝脏有浅黄白色条纹，有小的出血点。肠内容物淡黄色，较稀，肠黏膜大量脱落，泄殖腔黏膜出血。

典型症状见图10-22。

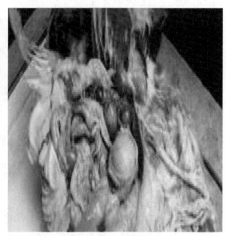

图10-22　笼养蛋鸡疲劳综合征典型症状

【防制】

（1）在炎热的天气，给鸡饮用凉水，在水中添加电解多维。做好鸡舍内的通风降温工作。

（2）按照鸡龄适时换料。

（3）保证全价营养，使育成鸡性成熟时达到最佳的体重和体况。保证笼养高产蛋鸡饲料中钙的含量，并保证适宜的钙、磷比例。

8. 蛋鸡啄癖

啄癖也称异食癖，是多种营养物质缺乏或由于其他代谢障碍所致异常综合症，其中一些不适宜的环境和管理因素也是诱发啄癖的重要原因。啄癖在各日龄、各品种鸡均能发生，鸡群一旦发生啄癖以后，即使激发因素消失，往往也将持续这种恶癖，致鸡伤、残、死，造成较大的经济损失。

【发病原因】

（1）日粮营养不全面，如蛋白质含量偏少，氨基酸不平衡，尤其是含硫氨基酸缺乏，粗纤维含量过低；维生素及矿物质缺乏，食盐不足，争食抢水等都是引发啄癖的因素。

（2）鸡舍潮湿，温度过高，通风不畅，有害气体浓度高，光线太强，饲养密度过大，限制饲喂，垫料不足或长期不更新等都会引起啄癖。在饲养方式中笼养比平养更易发生。

（3）鸡即将开产时血液中所含的雌激素和孕酮，比青年鸡阶段要高出许多，而这种变化会造成鸡群出现烦躁现象，它是促使啄癖倾向增强的因素。

（4）外寄生虫侵扰、皮炎或毛囊炎、各种病因引起的拉稀都会诱发鸡的啄癖。

【临床症状与剖检病变】

（1）啄羽癖：个别自食或相互啄食背部羽毛或脱落的羽毛，啄得皮肉暴露出血后，发展为啄肉癖，常见于产蛋高峰期和换羽期，多是含硫氨基酸、硫和B族维生素缺乏引起的。

（2）啄肛：啄食肛门及其以下腹部是最严重的一类啄癖，有的泄殖腔周围被啄破，有的肠道被拉出，这些鸡不死也失去饲养价值。啄肛常见于高产笼养鸡群或刚开产的鸡群，诱因是过大的蛋排出时努责时间长造成脱肛或撕裂，损失的多是高产母鸡。也常见于发生腹泻的雏鸡，诱因是肛门带有腥臭粪便。

（3）啄蛋癖：这种情况在进入产蛋高峰后的鸡群内较多见。母鸡刚产下蛋，鸡群就一拥而去啄食，有时产蛋母鸡也啄食自己产的蛋，有时可见到母鸡头颈从鸡笼前网下伸出把蛋钩向笼内。啄蛋癖主要发生在产蛋鸡群，尤其是高产鸡群，发生的原因多由于饲料缺钙或蛋白质含量不足，常伴有薄壳蛋或软壳蛋，也多因产出的蛋不能尽快滚到集蛋网内，或因蛋壳质量不好易破，或蛋上带血所致。

（4）啄趾：雏鸡多发，一只鸡啄破脚趾，群鸡互啄，有时将鸡脚趾啄食掉。这种现象多因密度大所致。有时饲料撒于鸡身上、脚上也会引起啄趾。

此外，啄冠、啄髯多见于公鸡间争斗，啄鳞癖多见于脚部被外寄生虫侵袭而发生病变的鸡等。

典型症状见图10-23。

图10-33　蛋鸡啄癖典型症状

【防制】

（1）断喙。由于引发啄癖的原因十分复杂，而且难以有效处理，因此在绝大多数的蛋鸡场都采用断喙的方法。尽管断喙不能完全防止啄癖，但能减少发生率及减轻损伤，还可以减少饲料的浪费。

（2）隔离有啄癖的鸡，及时移走互啄倾向较强的鸡只，单独饲养，隔离被啄鸡只，在被啄的部位涂擦龙胆紫或黄连素和氯霉素等苦味强烈的消炎药物，一方面消炎，一方面使鸡知苦而退。作为预防，可用废机油涂于易被啄部位，利用其难闻气味和难看的颜色使鸡只失去兴趣。

（3）光照不可过强，以3瓦/平方米的白炽灯照明亮度为上限。光照时间严格按饲养管理规程给予，光照过强，鸡啄癖增多。育雏期光照控制不当，产蛋期易发生啄癖，造成无法弥补的损失。

（4）高的饲养密度会引起鸡群的精神紧张而引起啄癖。生产中应为鸡只提供足够的空间，可减少啄癖发生的机会。

（5）合理通风，在有条件的情况下对鸡舍进行合理的通风换气，最大限度地降低舍内有害气体含量。

（6）严格控制温湿度，根据鸡群不同的生理时期提供合适的温度，尤其注意避免高温高湿情况的出现，避免环境不适而引起拥挤堆叠，烦躁不安，啄癖增强。

（7）提供完善平衡的日粮，3%～4%的粗纤维含量可以有助于减少互啄的发生，这与粗纤维能延长胃肠的排空时间有关。定期喂饲一些青绿饲料也有助于减少啄癖的发生。

（8）针对性的补充营养，在日粮中添加0.2%的蛋氨酸，能减少啄癖的发生。每只鸡每天补充0.5～3克生石膏粉，啄羽癖会很快消失。缺盐引起的啄癖，可在日粮中添加1.5%食盐，连续3～4天，但不能长期饲喂，以免引起食盐中毒。

（9）防止寄生虫病及传染病的发生，当鸡群受到虱、螨的侵袭时，鸡群不安，常发生自啄或互啄。蛋鸡发生大肠杆菌病、球虫病、新城疫等后，可引起营养物质缺乏，泄殖腔外露，诱发啄羽、啄肛等。

9. 蛋鸡痛风病

蛋鸡痛风病是由于鸡体内蛋白质代谢发生障碍，使大量尿酸盐蓄积，沉积于内脏或关节，鸡出现消瘦、衰弱、运动障碍等症状的一种营养代谢病。

【发病原因】

（1）饲料中长期缺乏维生素A。

（2）饲料中蛋白质尤其核蛋白和嘌呤碱含量过高。

（3）鸡群密度过大，鸡舍阴暗潮湿，运动不足。

（4）饮水不足也是家禽痛风病的诱因。

【临床症状与剖检病变】

（1）内脏型痛风表现全身性营养障碍，病鸡食欲不振，消瘦、衰弱等，尿酸盐包围整个内脏，肾脏肿大。

（2）关节型痛风临床上以病鸡行动迟缓、腿关节肿大、厌食、跛行等为特征，切开肿大关节有尿酸盐沉积。

典型症状见图10-24。

图10-24 蛋鸡痛风病典型症状

【防制】

（1）降低饲料中蛋白质含量，以减轻肾脏负担，并适当控制饲料中钙磷比例。

（2）供给充足的饮水，停用、缓用抗生素，以减少应激，促进新陈代谢，有利于尿酸盐的排出。

（3）在做好鸡舍保暖的前提下，加强鸡舍通风，改善鸡舍的内部环境。

（4）可选用中药制剂肾肿康拌料或用肾肿解毒灵饮水（现配现用）。

10. 脂肪肝综合征

脂肪肝综合症常发于产蛋母鸡，尤其是笼养蛋鸡群，多数情况是鸡体况良好，突然死亡。死亡鸡以腹腔及皮下大量脂肪蓄积，肝被膜下有血凝块为特征。

【发病原因】

鸡饲料中胆碱、肌醇、维生素E和维生素B_{12}不足，使肝脏内的脂肪积存量过高。鸡饲料中蛋白质含量偏低或必需氨基酸不足，相对能量过高，母鸡为了获得足够蛋白质或必需氨基酸，大量采食，摄入过量的碳水化合物转化为脂肪沉积于肝脏和体腔。鸡饲料中蛋白质含量过高，与能量值不相适应，造成代谢紊乱，使脂肪过量沉积。鸡饲料中主要使用粉末状钙质添加剂，而钙含量过低，母鸡需要大量的钙来制造蛋壳而摄入过多的饲料，于是过多的饲料被吸收后转化成脂肪沉积于肝脏和体腔。饮用硬水和鸡体缺硒。鸡群缺乏运动也是一个诱发因素。

【临床症状与剖检病变】

本病主要发生于重型鸡及肥胖鸡。病鸡生前肥胖，产蛋率波动较大。往往突然暴发，病鸡喜卧，鸡冠肉髯退色乃至苍白。严重的嗜眠、瘫痪，可在数小时内死亡。一般从发病到死亡1~24天，当拥挤、驱赶、捕捉或抓提方法错误，引起强烈挣扎时可突然死亡。病死鸡的皮下、腹腔及肠系膜均有多量的脂肪沉积。肝肿大，边缘钝圆，呈油灰色，质脆易碎，用力切时，在刀表面有脂肪滴附着。肝表面有出血点，在肝被膜下或腹腔内往往有大的血凝块。有的鸡心肌变性呈黄白色，有时肾略变黄，肠道有程度不同的小出血点。

典型症状见图10-25。

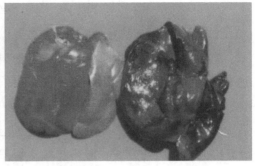

图10-25　脂肪肝综合征典型症状

【防制】

目前对这种病还没有有效的治疗方法，主要采取以预防为主的方法。防止产前母鸡积蓄过量的体脂，日粮中应保持能量与蛋白质的平衡。保证日粮中有足够水平的蛋氨酸和胆碱等嗜脂因子的营养素。禁止饲喂霉败饲料。对易发生脂肝病的鸡群，可在日粮中加入一定量的小麦麸和酒糟，因为小麦麸与和酒糟中含有可以避免笼养蛋鸡脂肪代谢障碍的必需因子。产蛋期的鸡每日光照时间应在16小时左右，人工光照时间从早晨6点半开始到晚上10点半结束。饮水最好是自来水，避免饮硬水。减少饲料的喂量（鸡群产蛋高峰前限量要小，高峰后限量要大）或增喂苜蓿粉等纤维含量高的饲料，尤其在夏季更应注意这一问题。在日粮中添加维生素E和亚硒酸钠、酵母粉也可减少发病。当发生脂肝病后，可采用以下方法减缓病情：每吨饲料中添加硫酸铜63克、胆碱55克、维生素B123.3毫克、维生素E 5 500国际单位、DL-蛋氨酸500克。每只鸡喂服氯化胆碱0.1～0.2克，连续喂10天。将日粮中的粗蛋白水平提高1%～2%。

11. 蛋鸡中暑

进入炎热夏季，由于持续高温，产蛋鸡群易发生中暑。轻者出现采食下降，蛋重变轻，蛋壳变薄；严重的出现猝死，导致养殖效益不佳或者造成经济损失。

【发病原因】

多发于7—9月的高温高湿季节；多发于笼养蛋鸡，重型鸡多于轻型鸡，单笼饲养只数多，饲养密度大的鸡群；鸡舍简陋，通风不畅，湿度较大的鸡舍也易发生；产蛋高峰期及高峰期以后的鸡群易发生；南北走向的鸡舍也易多发。

死亡时间多在下午3点至凌晨2点，死亡率大约在1%。

【临床症状与剖检病变】

鸡群张口喘息，可听到"呼呼"的声音；鸡冠鲜红，羽毛蓬松；水泻，有时带有绿色粪便，饮欲增强，不愿采食。产砂皮蛋和软壳蛋，褐壳蛋的颜色变浅。个别鸡出现瘫痪，严重的后肢出现麻痹。体温高于43°，触摸鸡体有烫手感，死亡鸡只的两腿多向后平伸。死鸡心肌出血；肺水肿；肝脏质地变脆，边缘有出血点；胆汁充盈；腺胃扩张，胃壁变薄；十二指肠黏膜出血黄染；卵巢滤泡充血瘀血，子宫内有滞留蛋。

典型症状见图10-26。

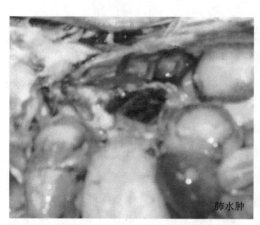
肺水肿
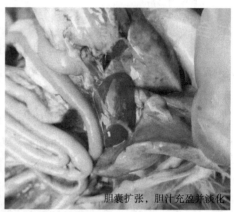
胆囊扩张，胆汁充盈并淡化

图10-26 蛋鸡中暑

【防制】

（1）密闭式鸡舍采取纵向通风加水帘降温，使用大功率排风扇增加风速。开放式鸡舍可安装吊扇，利于降低鸡体表温度。

（2）降低饲养密度，避免过度拥挤而影响散热。

（3）及时清扫鸡舍粪便由于鸡饮水量增大，排泄量相应增大，所以舍内湿度也大。同时高温造成鸡粪发酵加快，舍内有害气体浓度也较大，所以应及时清扫粪便，利于除湿。

（4）持续供足清洁饮水高温环境下，鸡除了本能地进行喘息呼出大量水汽外，会大量饮水，提高排泄量，来降低体温。如果断水造成中暑，死亡率会大幅度提高，所以应持续不断地供给新鲜的凉水。

（5）调整饲喂时间避开高温时间投料，最好在清晨或傍晚温度低时投料，防止因采食引起体温增高，而加剧热应激。

（6）饮水中添加电解质及维生素C每千克水中加入50～100毫克可溶性维生素C。

12. 黄曲霉毒素中毒

黄曲霉菌毒素中毒是人畜禽共患而具有严重危害性的一种疾病。是由黄曲霉菌代谢产生的一种有毒物质，具强烈的致癌作用，对禽类有较大的毒害。主要是肝脏受侵害，影响肝功能，导致肝细胞变性、坏死、出血、胆管和肝细胞增生，引起腹水、脾肿大、体质衰竭等病症。

【发病原因】

黄曲霉菌广泛分布在自然界，常寄生在玉米、小麦、花生、稻米、豆类、棉籽、鱼粉、麸皮、米糠等饲料中。夏季高温潮湿，鸡舍饲料间通风不良，会使曲霉菌大量繁殖，引起饲料发生霉变。禽类采食了这些被黄曲霉菌污染的发霉变质饲料后，就可发生中毒。

【临床症状与剖检病变】

幼禽中毒多呈急性，表现为食欲不振，精神沉郁、嗜眠、消瘦、冠苍白、贫血、排血色稀粪、叫声嘶哑、最后衰竭而死。死亡前出现共济失调，头颈呈角弓反张等症状、慢性中毒者，主要表现食欲减少、消瘦、衰弱、贫血、严重者呈全身恶病质等现象。成年禽耐受性稍高，中毒后多呈慢性经过，主要表现在精神沉郁，翅下垂，羽毛松乱，缩颈、食欲减退，产蛋减少，产蛋期推迟，呼吸困难，有的可听到沙哑的水泡声，少数可见浆液性鼻液。剖检特征性病理变化主要在肝脏、肺与气囊。肝脏急性中毒时肿大，色泽苍白变淡，质变硬，有出血斑点，胆囊扩张充盈。肾脏苍白、肿大、质地变脆，胰腺也有出血点。胸部皮下和肌肉常见出血。慢性中毒时，可见肝脏硬化萎缩，肝脏、肺和气囊可见白色小点状或结节状的增生病灶，时间长的可见肝癌结节，肾出血，心包和腹腔有积水。

【防制】

（1）加强饲料保管，防止饲料发霉，尤其是多雨季节。对质量较差的饲料可添加0.1%的苯甲酸钠等防霉剂，严禁喂发霉饲料，尤其发霉的玉米。

（2）目前无特效药物治疗，一旦发现中毒，立即更换饲料加强护理。

思考题

1. 大肠杆菌病、维生素A缺乏的主要症状和治疗方案？

2. 非典型性新城疫和禽流感如何防治？如果出现后鸡群表现是怎样的？

3. 根据下列疾病情况，制定治疗方案。

发病情况：6月7日河北养殖场张某，饲养了10 000只120天的罗曼蛋鸡，发病一个月左右，曾经用过很多厂家的药治疗过均为当时见效停药后还是跟没用药之前一样。产蛋率急剧下降，临床症状：大群鸡冠发育不良，由于病程时间过长体重不达标，而且此鸡群从发病时采食量就一直很低，比正常日龄的鸡群少吃50多千克料，大群排黄褐色稀臭粪，个别鸡排白色稀粪。大群精神正常，也未出现死亡，大群的饮水量跟采食量的比例是2∶1。鸡群出现严重的甩水现象。剖检症状：打开腹腔一阵臭味扑鼻，病变集中在肠道，尤以中、后段较为明显。解剖鸡只以小肠后段结膜坏死为特征。小肠显著肿大至正常的2～3倍，肠管变短，肠道表面呈污灰黑色，肠壁变薄，肠腔内充盈着灰白色或黄白色服样渗出物，和膜呈严重纤维素性坏死。各别鸡只出现肠鼓气现象。肠粘膜脱落严重。请进行初步判断，并写出处理思路。

有一批300天，3 500只海兰褐蛋鸡，一直排黄绿稀粪，大群零星出现死亡，半月有余，大群略微减料，蛋成降低1个点，蛋质，蛋色开始变差，近期死亡增加，大群蔫吧鸡见多，解剖症状如下：1.排黄绿色稀粪；2.肌胃，腺胃内潜血；3.肠道外观肿胀，剪开内容物发酵，肠壁肿胀；4.肌胃，腺胃交界处溃烂出血严重；5.肝脏肿胀，间断有黄白色条纹；6.卵泡变性坏死，腹膜炎，肠壁酸败；7.霉变玉米粒；8.在本地一直照新城疫、流感、肠毒等治疗半月，基本无任何好转。请进行初步判断，并写出处理思路。

附 录
推荐蛋鸡免疫程序

日龄	疫苗	用法与用量	注意事项
1	马立克MD-CV1988液氮苗	颈部皮下注射1羽份	（1）6~9日龄注射新城疫-法氏囊二联灭活苗，无须使用法氏囊冻干疫苗，但严重污染区，12日龄法氏囊冻干苗加强免疫。
1~3	新支灵或新支威冻干活疫苗	滴鼻、点眼1羽份	
6~9	新支灵或新支H120冻干苗	滴鼻、点眼1~1.5羽份	
	新-法或新-支-流-法油苗	颈部皮下注射0.35~0.4mL	
7~15	新-流-腺三价油苗	胸肌注射0.4mL	（2）疫苗接种前后48小时禁用消毒剂或抗病毒药物。
15	重组禽流感（H5+H7）二价油苗（H5N1 Re-8株+H7N9 H7-Re1株）	颈部皮下注射0.5mL	（3）为增加效果减少应激，接种应在早晨或傍晚进行。
18	鸡毒支原体（F株）活疫苗	点眼1羽份或饮水2羽份	
22	法氏囊活疫苗（B87株）	饮水2羽份二免	（4）疫苗稀释应用冷开水或生理盐水，滴鼻点眼剂量每瓶1 000羽至多对水50mL。每只0.05mL。
25	鸡痘活疫苗	翼膜处刺种2羽份	
30	新支灵或新支H52冻干活疫苗	滴鼻、点眼2羽份	
40	新-流（H9）二联或新-支-流三联油苗	颈部皮下注射0.5mL	
45~50	鸡传染性鼻炎三价油苗	腹股沟皮下注射0.5mL	（5）饮水免疫，在接种前夏季停水2小时，冬季停水4小时，疫苗稀释后必须在半小时内饮完，饮水中每升水加5克脱脂奶粉，效果更佳。
50~60	重组禽流感（H5+H7）二价油苗（H5N1 Re-8株+H7N9 H7-Re1株）	颈部皮下注射0.5mL	
70	新倍威（CS2）或新支倍威（CS2+H52）	饮水或注射2羽份	
80	鸡毒支原体（F株）活疫苗	点眼1羽份或饮水2羽份	
90	禽脑脊髓炎-鸡痘活疫苗	翼膜处刺种1羽份	（6）4~14日龄防白痢；15~56日龄防球虫；56~63日龄驱虫，25周龄后每间隔5~6周用新城疫Lasota、克隆30、基因Ⅶ型新城疫（T7株）、克隆Ⅰ系（CS2株）3~4倍量饮水一次。
100	鸡传染性鼻炎油苗	颈部皮下注射0.5mL	
110	新-支-减-流四联油苗	颈部或腹股沟皮下注射0.5mL	
	新倍威（CS2）或新支倍威（CS2+H52）	注射或饮水2羽份	
115	新—流—腺病毒三价油苗	胸肌注射0.5mL	（7）建议120日龄后，每间隔80~90天注射禽流感H5油苗及新—流（H9）二联油苗。
120	重组禽流感（H5+H7）二价油苗（H5N1 Re-8株+H7N9 H7-Re1株）	颈部皮下注射0.5~0.6mL	
130	新城疫-禽流感（H9）二联油苗	颈部皮下注射0.5~0.6mL	
200	重组禽流感（H5+H7）二价油苗（H5N1 Re-8株+H7N9 H7-Re1株）	颈部皮下注射0.6mL	

参考文献

百思特曼（Monique Bestman）等. 2014. 蛋鸡的信号[M]. 马闯，马海艳，译. 北京：中国农业科学技术出版社.

德国罗曼家禽育种育种公司. 2012. 新型罗曼商品蛋鸡饲养管理手册[R].

德国罗曼家禽育种育种公司. 2012. 罗曼粉父母代蛋鸡饲养管理手册[R].

甘孟侯. 2003. 中国禽病学[M]. 北京：中国农业出版社.

黄炎坤. 2006. 蛋鸡标准化安全生产关键技术[M]. 郑州：中原农民出版社.

黄炎坤. 2014. 蛋鸡场标准化规范技术[M]. 郑州：河南科学技术出版社.

美国海兰国际公司（HY-LINE INTERNATIONAL）. 2015. 海兰褐商品代饲养管理手册[R].

王文建，李飞翔，杨莉，等. 2016. 禽脑脊髓炎的诊断与防治措施[J]. 中国禽业导刊，（19）：68.

张柠慧，徐文婷. 2014. 家禽养殖设备的自动化之路[J]. 中国禽业导刊，（7）：84-85.